U0079991

時間
TIME
金錢
MONEY
身心
BODY and MIND
運用整理，做一場身心的減壓與排毒！
小資女的人生
整理術
OTONA JOSHI NO SEIRIJUTSU

序言

小時候，大人總是吆喝著「去把東西收好」，
長大了以後，漸漸地就不會有人再這樣要求自己。

但巡視一遍自己的包包、辦公桌、居家環境。
是否發現物品散落四方，
想找東西的時候找不到，同樣的物品重複買了又買，
偶爾還會冒出根本不記得自己買過的東西……
若學不會整理，每一天都會遇上接踵而來的困擾。

擅長整理的女性，
不僅看起來美麗有氣質，
做起事來，也是沉穩又大方。

「那是因爲每天都很忙。」
「我天生就不擅長整理。」
「雖然有點亂，但也算亂中有序。」
你是否也一樣會搬出這些藉口呢？

其實，只要牢記「分類」、「捨棄」、「歸位」這三個重點，
不論是誰都能輕鬆學會整理。

想成爲能讓身旁的人信任的「令人讚賞的成熟女子」，
不妨從整理開始吧！

目次

第一章 整理隨身物品與儀容

第二章 整理手帳本與智慧型手機

第三章 管理財務

第四章 整理辦公桌、文件、筆記本

第五章 整理居家環境

第六章 整理時間與身心

〈如何閱讀本書〉

本書不僅收錄了立即可用的基本整理收納技巧，還提供了許多能讓生活更加充實的好點子！

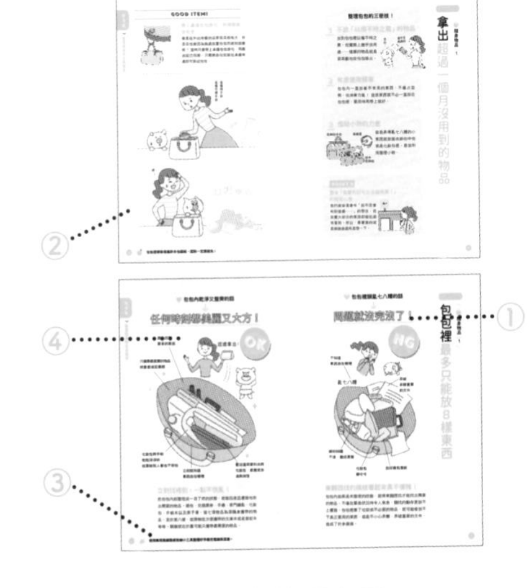

豬豬

不僅會幫忙整理，有時還會從圓點內褲中拿出有用的小道具。

懶散子

是個非常不善整理的女生，非常仰慕個性穩重大方且房間乾淨整潔的女性。

①如何變身整理高手

提供一些小技巧、推薦的小工具等等，並以淺顯易懂的圖解方式，說明如何學會整理收納。

②透過 OK 與 NG 來對比

一眼就能看出你是否學會了整理收納，也能了解哪些整理方式更有效率。

③叮嚀備忘錄

收錄派得上用場的整理小技巧，或是希望各位能記住的知識。說不定能加強整理的意識。

④許多的小祕訣或是建議

許多關於整理收納的詳細說明，例如：該怎麼做才能順利收拾？哪些才是該清理的物品？以及關於整理收納的時機點等等。

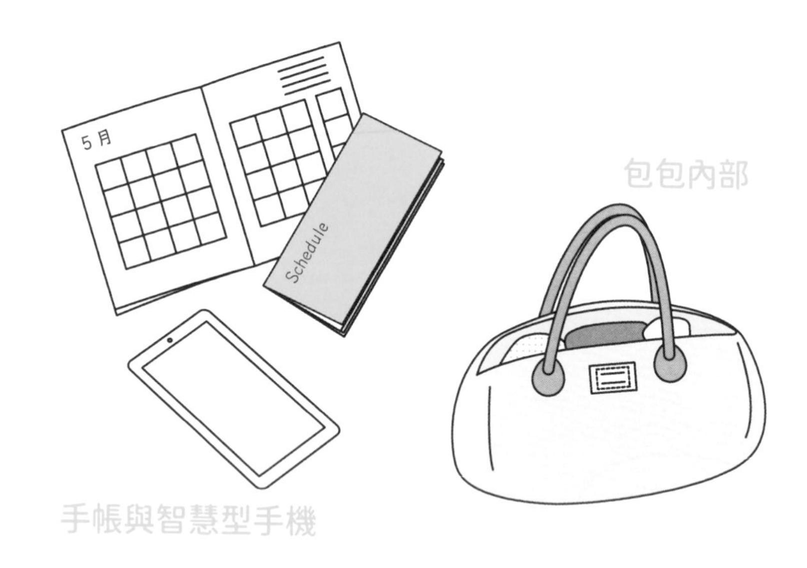

你都整理好了嗎？

辦公桌面
與電腦
筆記與文件
CARD
集點卡
錢包內部
1000
1000
這些東西與環境，
居家室內
身體與心靈

與「亂七八糟」說再見！學會整理的

捨棄用不到的東西！

沒想到這麼多人不會!?

猶豫超過 10 秒就丟掉

「也許之後會用到」、「這東西很貴」……你是否也有捨不得丟的東西？拿在手上思考超過十秒鐘的話，那麼就乾脆把它丟了！這就是整理的第一步。

建立「歸位」計劃！幫物品找個家

POINT

設法讓物品的位置一目了然

要對物品的位置瞭若指掌，可不是一件簡單的事，所以這時可以貼個標籤，或是將同類物品整理在一起，想辦法讓人一眼就看出物品在哪。

別拿了就丟著不管，用完就要歸位！

幫物品找個「家」，用完就放回原本收納的地方，才能維持整齊的狀態。

準則——別把東西都收起來

常用的物品要往外擺

別讓物品沉睡在櫃子的深處！

要是把物品收在壁櫥或抽屜的深處，就會懶得拿出來使用，也就容易忘了它的存在。所以，常用的物品就要擺在伸手可及之處。

STEP4

訴諸視覺！

依照顏色、形狀來歸類

巧妙運用收納箱「外觀也清爽」！

將同樣的文件夾或是整理箱擺在一起，在視覺上就會變得更清爽。另外，方形的箱子在擺放時不易出現縫隙，所以比圓箱更好收拾整齊。

STEP5

決定優先順位

不陷入「該從哪一項下手才好？」的困境

整理與時間管理有著密切的關係！

掌握必須優先進行的事物，例如：得事先處理的文件、馬上要用的物品等等。不清楚哪些優先處理的話，也許可以試著從列出待辦事項下手。

你知道「整理」與「收納」的差異嗎？

整理是「處理掉用不到的東西」，
收納是「分類與收拾要用的東西，以便收拾整齊」。

	整理	收納
分出需要與不需要的文件	✓	
依照大小排好文件夾		✓
依照主題在 A4 紙上貼便條紙		✓
暫時把桌上的東西都放到紙箱	✓	
處理掉已完成的案件資料		✓
在桌子的抽屜裡加上隔板，以便取出文具		✓
下班前稍微收拾桌面		✓
丟掉用不到的名片	✓	
分門別類排好書櫃上的書本		✓
將已完成的工作資料分成「暫時保留」與「丟棄不用」	✓	
依主題分類電腦內的資料夾		✓
將用完的資料放回櫃子		✓
排好桌面上的物品，使用時會更方便		✓
外出後察看包包，丟掉不用的物品	✓	

整理隨身物品與儀容

包包
化妝包
錢包
旅行包
其他

包包裡亂七八糟，無法一眼看出東西放在哪裡，個人的儀容外表也總是不修邊幅，看起來實在很不體面……。這樣的妳，是無法成爲一個令人欣賞的成熟女子的。本章節將會詳細說明手提包與化妝包的整理小祕訣、如何整理錢包與旅行包，以及維持乾淨清爽的通勤時尚技巧。首先，就先來整理隨身物品與個人儀容吧！

隨身物品 1

包包裡最多只能放8樣東西

包包裡頭亂七八糟的話

↓

問題就沒完沒了！

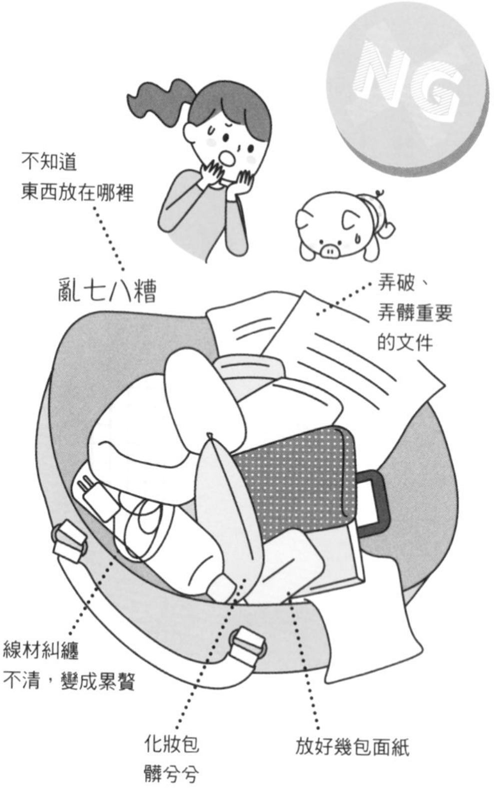

東翻西找的模樣看起來真不優雅！

包包內如果是未整理的狀態，就得東翻西找才能找出需要的物品。不僅碰到緊急狀況時令人焦急，翻找的動作更談不上優雅。包包裡塞了垃圾或不必要的物品，就可能會放不下真正要用的東西，或是會不小心弄髒、弄破重要的文件，造成了許多麻煩。

包包內乾淨又整齊的話

任何時刻都美麗又大方！

立刻找得到，一點不慌亂！

把包包內部整理成一目了然的狀態，就能迅速且優雅地取出需要的物品。錢包、交通票券、手機、家門鑰匙、化妝包、手帳以及原子筆，這七項物品為須隨身攜帶的物品。至於第八項，就放方便攜帶的書或筆記本。關鍵就在於盡可能只攜帶最需要的物品。

使用專用集線器或收線小工具整理好手機充電線與耳機。

拿出超過一個月沒用到的物品

隨身物品 1

整理包包的三密技！

1 不放「以備不時之需」的物品

放到包包裡以備不時之需，但實際上幾乎沒用過——這樣的物品就是要果斷地從包包移出。

2 考慮使用頻率

包包內一直放著不常用的東西，不僅占空間，也浪費力氣！這些東西不必一直放在包包裡，要用時再帶上就好。

3 借助小物的力量

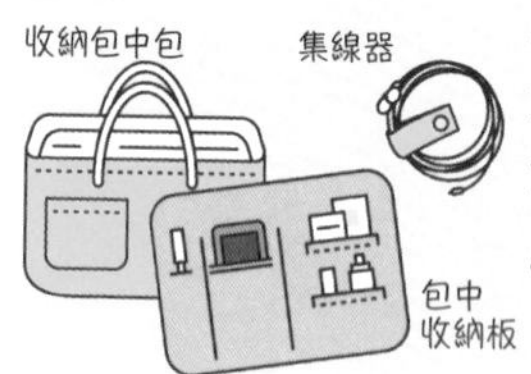

容易弄得亂七八糟的小東西就放進收納包中包或是化妝包裡。善加利用整理小物。

POINT 1

要有「需要的話可以去超商買！」的輕鬆心態

我們很容易會有「說不定會用到這個⋯⋯」的想法，但其實大部分的東西都能在超商買到。所以，最重要的就是稍微換個角度想一下。

GOOD ITEM!

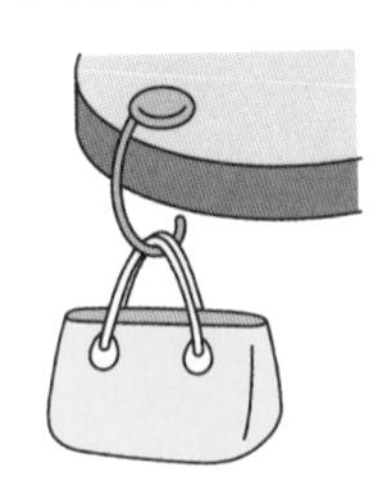

帶上桌邊包包掛勾，到哪都能掛包包

在外出用餐的店家或其他地方，妳是否也曾因為無處放置包包而感到困擾呢？這時只要帶上桌邊包包掛勾，問題就迎刃而解。只需將掛勾安裝在桌邊等處即可。

包包裡很容易塞許多包面紙，這點一定要避免！

挑選上班包的 6個關鍵

**選擇喜愛的設計或材質很重要，
但因爲是上班用的包包，所以要掌握住幾個要點。**

1

騰出雙手更俐落

在工作場合中，能夠騰出雙手的包包用起來會更加便利，所以最好選擇可以側背的款式。通話的同時，還可寫個備忘錄或是看個文件。

2

材質兼顧輕巧與耐用，還要不易弄髒

上班通勤包每天都得使用，會比想像中還要容易受損。挑選重點除了經久耐用之外，還要確認包包不易受損或弄髒。

3

最好有收納口袋，而且就算直立放置也沒問題

若是內、外側皆有口袋，就能輕鬆解決收納問題。另外，也建議使用直立放置時也不會變形的款式。

利用絲巾或首飾，裝飾出自我風格！

只要換上一件飾品，
就夠改變印象。

4 剛好放得下 A4尺寸！

由於上班包必須用來放文件，因此能否順利放進 A4尺寸的物品，是挑選上班包的首要條件。有些包包乍看之下沒問題，但物品還是有可能會擋住拉鍊的開合，因此在挑選時得多加注意！

5 低調柔和的色調，展現成熟風格

避免華麗的色彩，選擇如粉蠟筆一般柔和的顏色，或是樸素、沉穩的色調。不過，拿黑色的求職手提包看起來就像是社會新鮮人，所以要注意一下顏色的選擇。

6 平日裡也能使用

工作、假日皆可使用的款式，是一石二鳥的好選擇！ 能展現通勤時尚，也方便搭配個人衣著的簡潔設計，是 CP 值最高的選擇。

建議挑選底板堅固，且底部有底釘的包包。

隨身化妝包越小越好

優雅維持化妝包的3要點

1 小化妝包的挑選重點在於設計

減少隨身物品的祕訣，就是要挑選小容量的包包。這樣就能縮減攜帶的化妝品

2 分成居家用與攜帶用

不必將整套化妝用具都帶著，隨身化妝包帶著補妝必備用具即可。

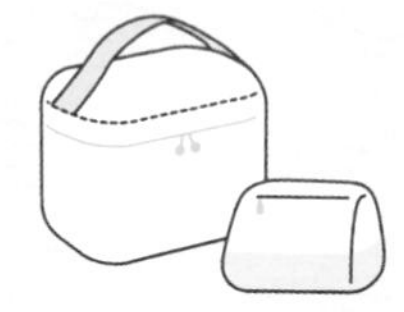

3 挑選多用途化妝用具

挑選多用途的化妝品，例如：腮紅兼用唇彩，如此就能減少補妝用具的體積。

ADVICE

現在就丟掉汙損的化妝包與過期化妝品！

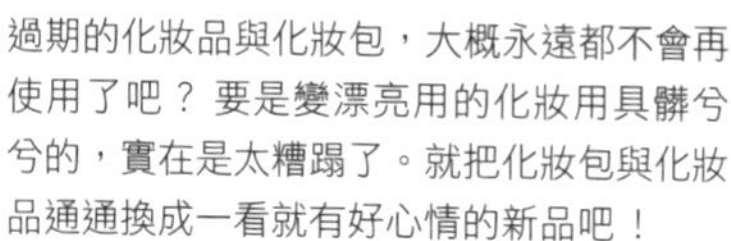

過期的化妝品與化妝包，大概永遠都不會再使用了吧？要是變漂亮用的化妝用具髒兮兮的，實在是太糟蹋了。就把化妝包與化妝品通通換成一看就有好心情的新品吧！

選擇這種化妝包吧！

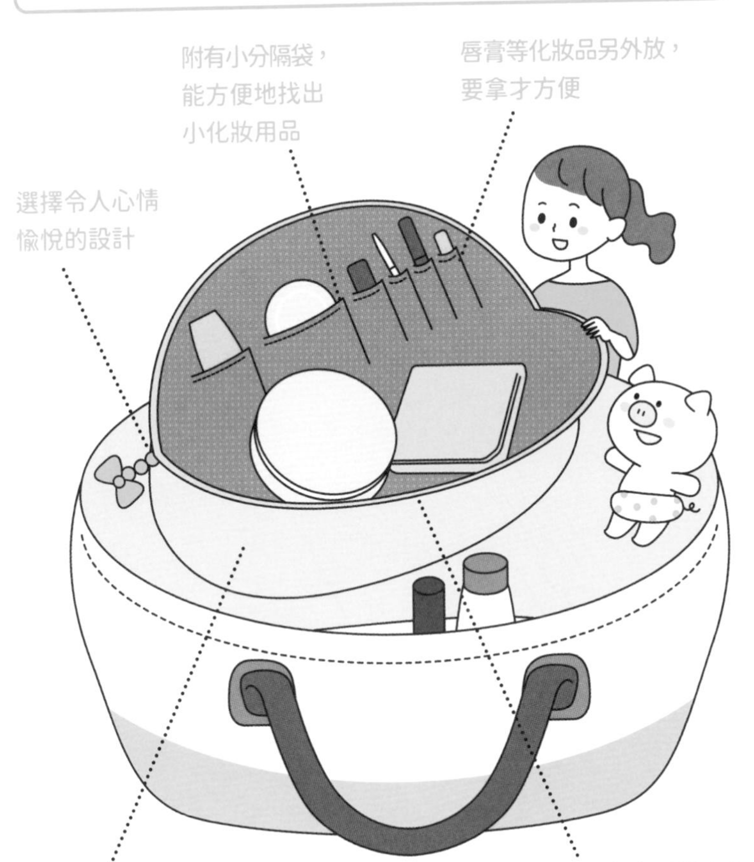

取出化妝包的物品，每月保養一次！

化妝用品與化妝包都很容易變髒，所以每個月都要把化妝包裡的東西通通拿出來，進行一次清理與保養。同時也順便看看有哪些化妝用品已經不再使用，取出多餘的物品。

化妝包要隨時維持在「給別人看到也不害羞」的狀態！

隨身物品 1

用不到的東西，不要通通塞進錢包

每個星期都要把將錢包裡所有的東西拿出來一次！

買東西時趕時間，所以暫時把零錢跟發票都往錢包裡面塞——這樣的情況應該時常在上演，所以要養成每週整理一次錢包的習慣。

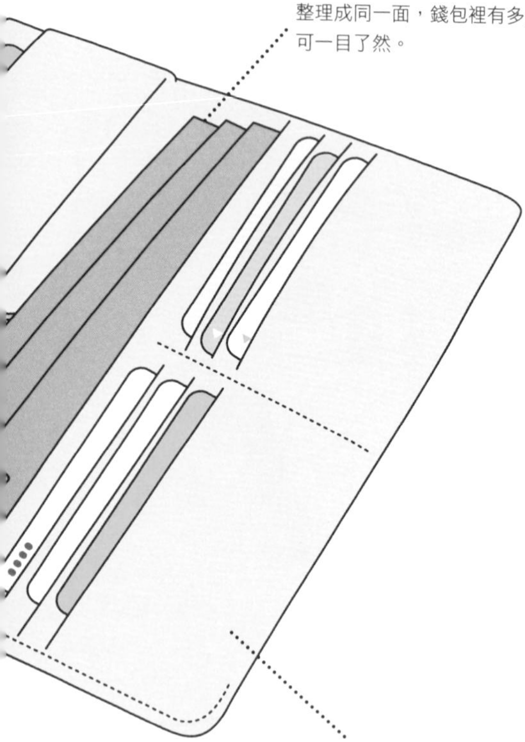

整理錢包內的紙鈔

將相同幣額的紙鈔放在一起，並且整理成同一面，錢包裡有多少錢即可一目了然。

隨時保持錢包的清潔

使用自己喜歡的漂亮錢包，更有動力維持錢包的清潔！

CHECK 不用的信用卡！

- □ 已過有效期限
- □ 超過一年未使用
- □ 紅利點數回饋低

準備收據與發票專用的收納夾

準備一個專門放工作用收據、個人記帳用發票的收納袋，這樣就不會一直往錢包裡塞了！

集點卡越少越好

集點卡雖然薄薄一張，如果放了太多張，一樣會增加錢包的重量。要經常拿出集點卡查看，果斷地扔掉不常使用的卡片。

盡量花掉銅板

要是放了太多的銅板，錢包可是會變得沉甸甸的！結帳時別忘了盡量使用銅板。

確認優惠券的有效期限

定期檢查錢包，才不會一直帶著過期的優惠券！

POINT

稍微奢侈一下，試著拿嚮往的名牌錢包

雖然買不起名牌包，但買個名牌錢包說不定還可以。若想要提升自己的檔次，不妨使用自己嚮往的名牌錢包。

建議各位可以將大皮夾與小零錢包分開來使用。

隨身物品 1

行李袋決定旅行的舒適度！

隨便亂塞一通的話

↓

就會找不到東西

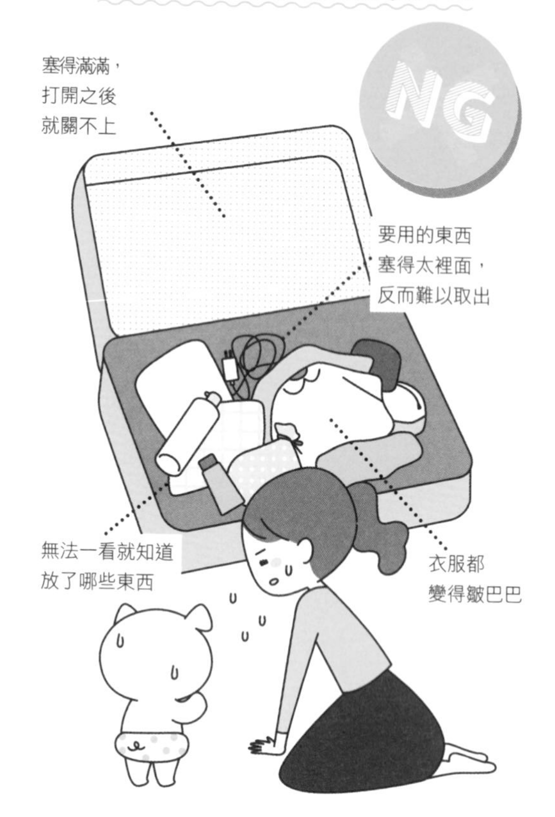

一直找不到要用的東西 旅行變得好有壓力

行李袋裡頭亂七八糟的話，行李就不能收得好。在收拾行李時，妳是否也是想到什麼就放什麼呢？這樣不僅難以取出行李袋的物品，也許還會忘了帶真正需要的東西。

行李都打包好的話

打開行李時也輕鬆愜意

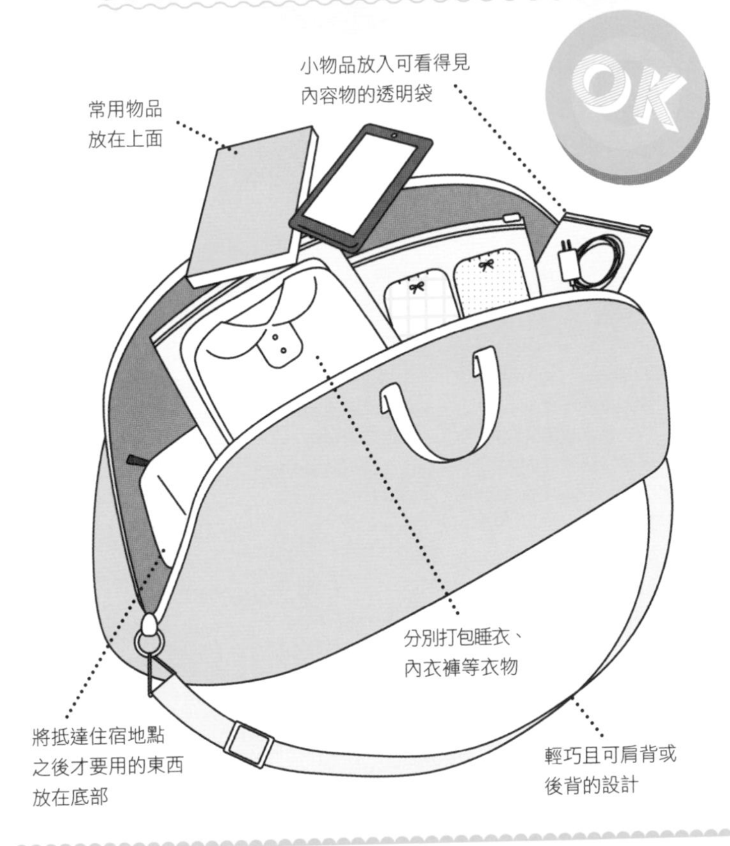

GOOD ITEM!

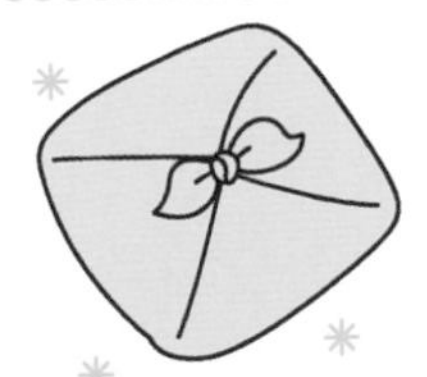

使用包巾打包衣物 就能減少蓬鬆衣物的體積

建議使用包巾並按照貼身衣物或是換洗衣物等分類來打包衣服。如此便可以直接從行李袋取出衣物，並收納至房間所配備的抽屜等空間，輕鬆搞定取出的行李。

預留一～二成的收納空間，才能放入飲料或是購買的伴手禮。

將婚喪喜慶用的小物整理成一套

隨身物品 1

事先收進包包裡，需要時就不會手忙腳亂

「好像在哪看過白色手帕？」、「我到底把佛珠收哪兒去了？」臨時需要的時候，就會像這樣到處找這些平時不用的婚喪喜慶用小物品。只要事前將所有要用的東西都放入婚喪喜慶專用的包包裡，就不必再慌張地翻找。

袱紗※

將祝賀用的禮金袋、弔喪用的奠儀袋放入袱紗，才是有禮貌的作法。喜事使用紅色系的袱紗，弔喪則使用藍色系，而紫色袱紗不論何種場合皆可使用。

註：日本的一種紡織品

提包

選擇醒目金屬配件，且光澤度較低的黑色手提包，這樣不論婚喪喜慶皆可使用。喜慶場合時再將提包別上胸花也是不錯的作法。

手帕

喜慶場合使用的手帕基本上為白色，弔喪時使用的手帕則為白色或黑色，因此可事前準備好兩種場合皆可使用的白色素面手帕。

佛珠

各個宗派皆可使用一輪佛珠，且佛珠的顏色或材質並無特定的限制。就將佛珠放入專用收納袋吧。

婚喪喜慶的基本服裝

結婚典禮

●服裝

能夠遮蓋肩頭的有袖小洋裝是最適合的服裝，但是不可穿黑色洋裝。洋裝外可再披上披肩或小外套，避免過度裸露。

●飾品

配戴珍珠項鍊或是別上小巧的胸花，顯得優雅有氣質。皇冠與鮮花與新娘的飾品重複，因此不建議使用。

●鞋子

前包後空鞋、涼鞋等露出腳趾頭或腳後跟的鞋款，都不符合正確的禮儀。建議選擇樣式簡單的跟鞋。

守靈、喪禮

●服裝

準備好一套採用相同布料製作，且用於正式場合的黑色洋裝與外套。

●飾品

除了珍珠飾品以外，亦可配戴黑曜石等黑色飾品。配戴項鍊時，務必使用單圈式的項鍊。

●絲襪、鞋子

選擇黑色絲襪，並且避免穿材質較厚的褲襪或是網襪。素面的黑色跟鞋是最基本的鞋款。

參加守靈時，穿黑色或灰色的日常服裝也無妨。

隨身物品 1

通勤時尚的重點在於清爽感

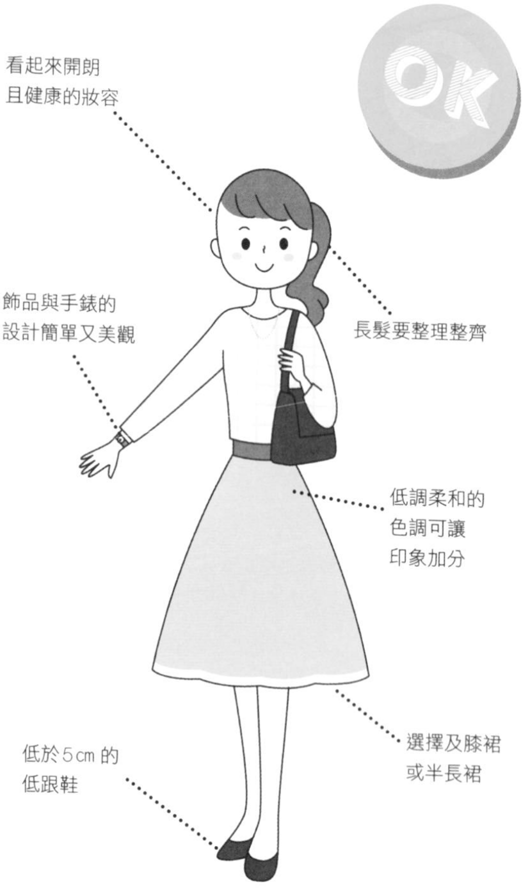

OK

看起來開朗
且健康的妝容

飾品與手錶的
設計簡單又美觀

長髮要整理整齊

低調柔和的
色調可讓
印象加分

低於5cm的
低跟鞋

選擇及膝裙
或半長裙

這樣的打扮絕對NG！

✖誇張的顏色、圖案

避免以三原色為基底色，也不要有過於醒目的圖案。以低調不醒目的典雅風格作為通勤時尚的目標吧。

✖展露身體曲線

避免強調胸部與臀部曲線的服裝。露出過多胸前或背部肌膚，同樣也是NG的打扮。

妝容

濃妝艷抹是 NG 的通勤妝，太接近素顏的自然妝容也不行。妝容重點要強調嘴角或眼角等部位，打造出明朗且健康的形象。

髮型

建議梳成看起來較清爽的包頭或是公主頭。還可加點巧思與變化，享受改造的樂趣。

飾品

即使是同一件衣服，也會因為搭配不一樣的飾品，而展現出不同的印象！因此可以準備一些小巧或長度稍長的飾品等。

上衣

坐下的時候，上半身仍然會是他人視線集中的部位，因此盡可能選擇樣式簡單樸素的上衣。還要確認衣服是否起毛球或是出現皺褶，時常維持衣服的整齊與清潔。

鞋子

鞋跟低於 5 ㎝的低跟鞋方便行走，最適合當成上班鞋。到辦公室後再換上低跟鞋，也是一種可行的方式。

下半身

露出腳踝的褲裝打扮具有美腿的效果。選擇有燙線的褲子，看起來更加清爽簡約。

辦公室與包包要常備的 4 種物品

黑色或深藍色外套

只要準備好黑色或深藍色的基本款外套，就算臨時需要與人見面商談也不用擔心，而且還能讓自己看起來更俐落。

摺疊傘

明明上午還是晴天，下班要回家時卻下起雨來。這時如果有一把折疊傘就沒問題，也不必再去超商買傘。

絲襪

就算再怎麼小心翼翼，一樣有可能不小心就扯破絲襪。事先預備好一雙絲襪，就不必再慌慌張張，問題迎刃而解！

針織外套

身體寒冷是女性的大敵！準備好一件針織外套，便可輕鬆保暖。怕冷的人也別忘了準備一件可披在膝蓋的毯子。

放一條較長且寬的披肩圍巾，不論要披在肩上或蓋在膝上，一樣都很方便。

針對各種天氣的應對重點

雨天

漂亮時尚的雨鞋

穿上雨鞋遇到水窪也不用擔心！市面上有越來越多類與長靴相似的晴雨兩用鞋。

整理成漂亮的髮型，讓心情變好！

雨天時因濕氣的影響而難以決定髮型，這時只要綁成包頭，就能輕鬆解決髮型困擾。

避免長襬的衣服

褲腳較長的長褲、裙襬較長的裙子，都很有可能會被雨水或泥濘弄髒，因此盡量挑選長度較短，且布料顏色不易看出髒汙的褲、裙。

善用防水噴霧

使用防水噴霧便可防止鞋子或外套被雨水弄濕。請洗衣店進行防潑水加工處理，也是一個極好的辦法。

帶上一把喜歡的傘

下雨天容易讓人的心情變得低落，所以就要帶上自己喜歡的雨傘，讓心情變好！

寒冷天

洋蔥式穿搭，方便調整

要是穿太多件厚重的衣服，就很難控制到合適溫度。所以，多穿幾件較薄的衣服，穿脫都方便！

絲質的底衣

天冷時建議穿絲質的內搭衣。不僅有良好的保暖效果，還能緊密地貼合肌膚，具有其他衣料無可比擬的觸感。

腳趾頭貼上暖暖包

腳趾頭專用的暖暖包能有效對付腳趾頭冰冷。又分成貼在鞋內的貼式暖暖包，以及直接放入鞋中的一般式暖暖包。

大熱天

使用吸汗貼

若要防止腋下的汗漬，除了使用制汗噴霧，也能選擇貼在衣服上的吸汗貼，以及附有吸汗墊的打底衣或內衣。

噴灑降溫噴霧

如果是直接噴灑在衣物上的降溫噴霧，約可持續1～2小時的涼爽感，因此非常適合通勤時使用。

使用陽傘與墨鏡，漂亮又時尚地阻擋紫外線

挑選抗紫外線的用品時，實用性絕對不可少，同時也要注意時尚感，選擇兼顧美觀與性能的產品。

選擇戴著還能使用智慧型手機的手套！

第二章

整理手帳本與智慧型手機

手帳本
智慧型手機
照片與影片
手機應用程式
其他

成爲社會人士之後，手帳本與現今人手一支的智慧型手機就成了必需品。不過，只是拿著這兩項物品，應該還不能算是完美吧？如果手帳本只用來記錄決定好的預定行程，手機裡的相片與應用程式也都亂七八糟——這樣的使用方式未免太大材小用了！只要知道整理與活用這兩項物品的祕訣，必定能讓每一天都閃閃發光。此外，還要來介紹專爲女性設計的應用程式！

手帳本 2

「只記錄預定行程」，那就太浪費了！

只是記錄了預定行程

↓

就無法統整時間

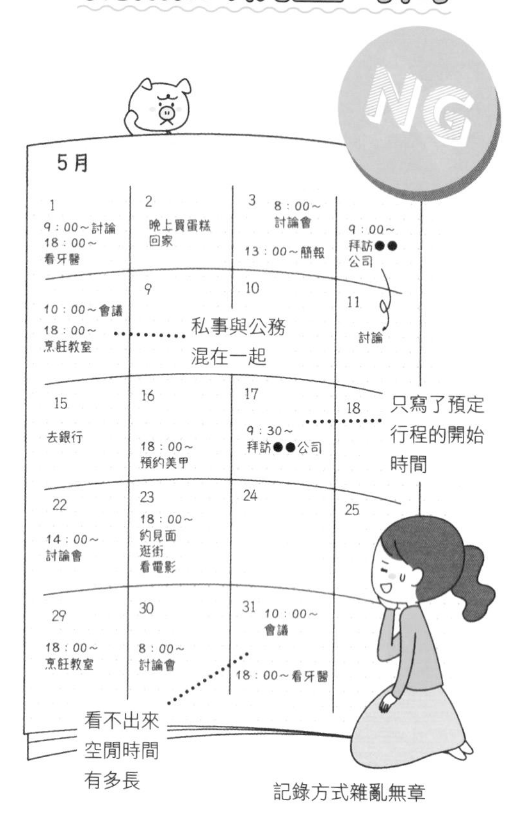

只寫下預定行程，那可不行 ×

只寫下預定行程的開始時間與地點，那是絕對不行的！還要寫下相關的資訊，例如：結束時間、前往下個預定行程的地點的路程時間等等。把私人行程與工作的預定行程通通混在一起，同樣是不可行的做法，應該要想點辦法將公、私行程區分開來，看是使用顏色來區別，或是分開書寫區域等等都可以。

按照時間軸寫下預定行程

↓

就能有效率地運用時間

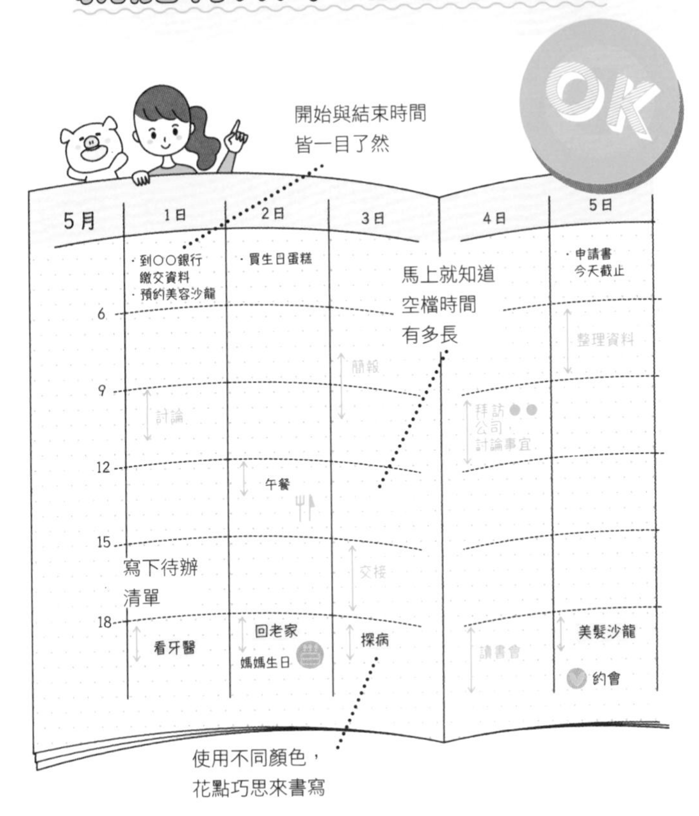

善用記事本，做好時間管理

工作中最重要的事情就是管理好「個人時間」與「他人時間」。會議、討論等等都屬於無法靠個人決定的他人時間，要是不管三七二十一就將這些事情通通排進行程裡，到時就只能利用零碎的時間來處理自己的工作。另外，手帳本中也要寫上待辦清單，隨時都要留心工作時間的管理！

了解 應該寫入手帳本的 5種內容

**使用有顏色的筆或是貼紙，
讓個人的預定行程一目了然。**

1 行程

在填寫行程時，除了要加上開始時間與預計結束時間，也別忽略了地點、內容、與何人相約等5W(何時、何人、何地、何事、內容為何)。若能再加上前往時間，那就更完美了。

待辦清單

絕對要處理的事情也要寫入手帳本中，也就是書寫待辦清單。在待辦清單中寫下期限與所需時間，在管理工作行程時便可派上用場。當辦完事情後，也別忘了做個記號，表示已完成。

寫下發現的事

不論是公事也罷，私事也好，如果注意到了什麼事情，或是有什麼掛念擔心的事情，也都要記錄下來，養成隨手寫備忘錄的習慣。寫備忘錄時也別忘了填上日期。詳細地記錄，日後翻查時便會更清楚明瞭！

記錄

每天吃了什麼、每天的打扮、體重變化等等，建議各位把這些事項都記錄在手帳本中。旅行時去過的地方、吃過的食物等等都寫在備忘錄的話，日後回憶時也就能派上用場。

目標

本月目標、來年目標、未來目標……像這樣劃分年、月，寫下自己的目標。假如有類似「以後要買房子」這樣的目標，建議可以寫成倒數目標，例如：在何時之前要存到多少錢等等。

每天開始工作之前，都要翻過一遍手帳本，整理好腦袋的思緒！

手帳本的「挑選方法」很重要！

常用的三種類型

月計畫本

→ 適合待辦事項不多的人，或是想填入長期規劃的人

5月						
1	2	3	4	5	6	7
8	9	10	11	12	13	14

左側週計畫本

→ 適合想確實管理每日時間，同時又希望保留空白空間的人

5月	
1日	
2日	

直向週計畫本

→ 適合想精確控管每週行程，增加效率的人

5月	1	2	3	4	5	6	7
6							
7							
8							
9							
10							

ADVICE

推薦的手帳本尺寸？

手帳本有文庫本（A6）、單行本（B6）、教科書（A5）、筆記本（B5）等尺寸。要考慮到攜帶時的便利性，不要太重，也不要太大本。

還有這些類型！

水平式週計畫本

→ **適合欲以一週為界，進行時間管理的人**

將一週七天分四天在左頁，另外三天分在右頁。

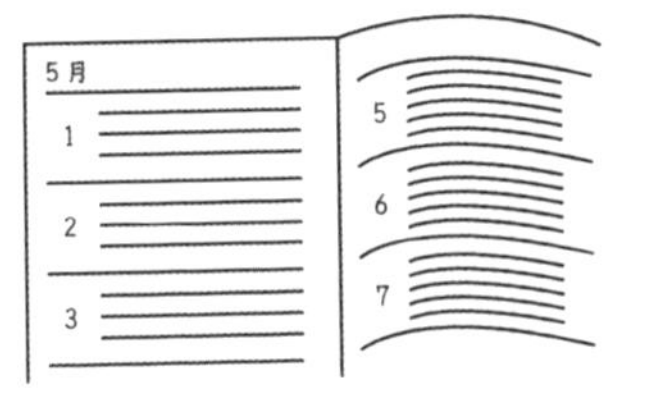

方塊狀週計畫本

→ **適合想要確實填寫每日待辦清單的人**

可看見區分成八大個區塊，在填寫待辦清單或是記錄每日事項時會非常方便。

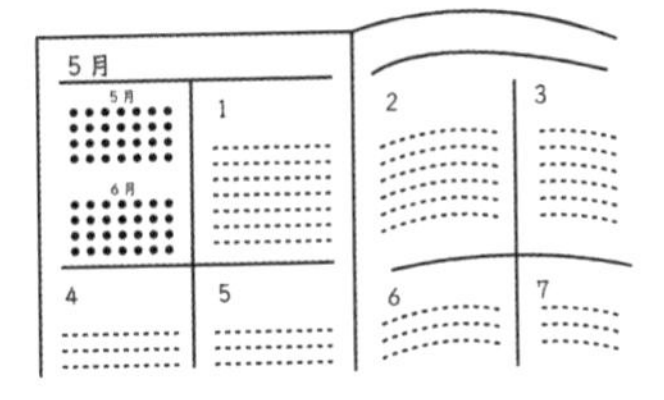

一日一頁式日計畫本

→ **想把每天發生的事情記錄下來的人**

每一天的書寫範圍非常足夠，因此適合想用手帳代替日記本使用的人。

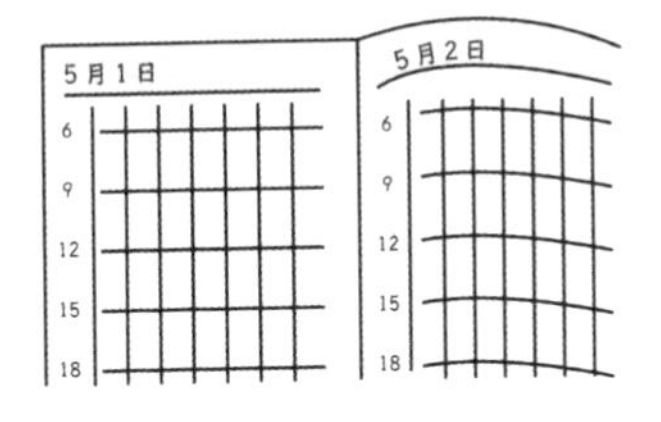

甘特圖式計畫本

→ **適合同時進行多項行程的人**

縱軸為行程、橫軸為日期，一眼就能知道每個月的待辦事項。

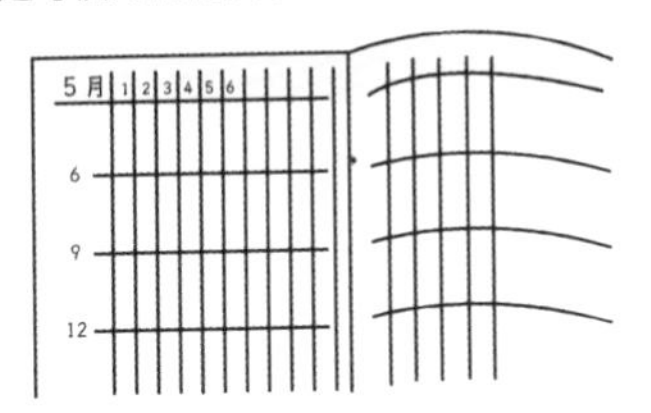

POINT

手帳本的起始月份為一月、四月、九月

手帳本的起始月份各有不同。想在新年第一天就換上新氣象的人，適合使用一月開始的手帳本；對於要跟著學校及工作行程，依年度更換手帳本的人而言，起始月為四月的本子會比較方便；想從暑假結束之後轉變心情的人，則可使用九月開始的手帳本。

活頁式手帳本只要更換內頁，就可以用上一輩子！

私人行程就使用月計畫本

手帳本 2

分成兩排書寫公事與私事

建議將格子分成上下兩個部分，分開填寫工作的預定行程與私人行程。分成上下部分，就能避免在同一時間內重複排入行程。

使用不同顏色，或加上線條外框，變得更可愛！

按照預定行程類型，使用不同的顏色書寫，或是貼個貼紙、用螢光筆作記號。花點巧思讓手帳本看起來更有趣！

之後的預定行程寫在便條紙上

尚未確定的預定行程就先寫在便條紙上，再貼到手帳本內，萬一行程有更動時也能方便修改。可以用帶有箭頭的便條紙等等，準備一些可愛花俏的貼紙也挺有趣！

使用貼紙或印章等小物，看起來更開心！

使用各式小物裝飾手帳，讓心情變得更開心。除了貼紙與印章，還可使用紙膠帶！ 裝飾時還要掌握好分寸，才能方便閱讀。找一些自己喜歡的小東西來用吧。

5月

1	2	3 約會	4
8 購買新書	9 簡報 9：30～	10 ●●公司 9：30～商談	11
15	16 媽媽生日	17	18 前往各處拜訪 9：30～
22 約會	23 準備出差	24 出差	25
20	30	31	

memo
- 到○○銀行交資料
- 預約沙龍
- 回老家

先將該月的預定行程寫在空白處

最好在這個月內辦完的事情，或是預計繳款（車子的保險等等）等等，雖然時間尚未確定，還是先大概寫一下預定行程。

POINT

如果要填入的預定計畫不多，使用月計畫的手帳本便綽綽有餘！

太大本的手帳本很占空間，因此不太建議使用。對於工作內容固定不變，不太需要寫下預定行程的人來說，也許使用月計畫的手帳本就足夠了。月計畫本的好處在於打開本子就能一覽整個月的行程，輕薄而方便攜帶的特質也是月計畫本的優點之一。請依個人對於手帳本分隔格的喜好，挑選一本自己喜歡的手帳本吧。

使用螢光筆把假日的格子框起來，這樣就能區分開工作日與假日，有助調節心情！

重視自由空間的人，就使用週計畫本

手帳本 2

可當成日記本使用

手帳本的左側為日程表，右側為空白頁。空白頁想怎麼用都沒問題！一大優點就是可以用來管理備忘事項，因此用來管理工作可是相當方便。另外，還能把空白頁當成日記來使用。

日　今天去美髮沙龍時，給一位新的設計師○○做頭髮，

這個設計師非常健談，感覺很可靠！

對於髮型所提出的想法也都相當新穎，非常有趣！

單

書　(4) 準備三道常備菜

車　(5) 去換手錶電池

找夏天穿的針織衫　(6) 取回送洗衣物

月看一部電影！

發行日（5月11日）

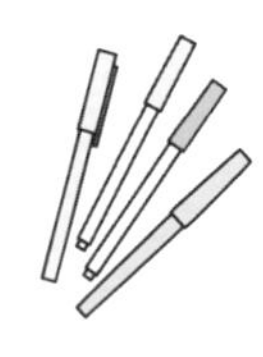

使用☑管理待辦清單

建議使用右側的空白頁書寫待辦清單，這也是管理工作事項的方式之一。完成工作後務必打勾。

保留空白處，填寫臨時想到的事情

明明想到了好點子或是發現什麼事情，卻又不小心忘記的話，那可真是虧大了。在右下方規劃出一個備忘專區，就能當成備忘錄使用。

書寫時要能方便看懂一日預定行程！

上午的行程寫在左邊，下午的寫在正中間，傍晚至晚上的就寫在右邊。像這樣使用方便看懂時間的方式來填寫，就能輕鬆掌控預定行程。

5

1 總簡報　美髮沙龍

2 拜訪問候

3 與●●公司討論　公司內部會議　與○○吃午餐

4 研修

5 看電影　逛街

6 看牙醫　回老家

7 咖啡廳巡禮　演唱會

私人行程使用其他顏色，明確區分開公私事

填寫的內容主要都是工作的預定行程時，很容易就會忽略掉私人行程。因此可以使用螢光筆將私人行程畫線，想辦法讓行程變醒目，如此一來就不會搞混了。

POINT

配合個人生活風格，活用空白頁！

左側週計畫型手帳本的最大魅力，就在於右半邊的空白頁。該如何運用空白頁，全看個人的習慣。不只可以寫下工作事項（必須完成的工作），也能寫下每週的目標，這樣就能確認是否已經達成目標，還能在會議時抄寫備忘，方便後來查看。填寫預定行程時，也可以在左側的日程部分大概填寫一下內容，然後在右側寫下補充說明。目標是要成為一名優秀的女性！

已完成的行程或工作就用螢光筆劃好劃滿，這樣做超有成就感！

手帳本 2

想要控管好時間，那就使用日計畫本

寫下預定行程，便能清楚知道自己可利用的時間

日計畫手帳本的最大好處，在於能夠掌握一整天的時間。寫好預定行程，就能看出空閒的時間。

5日	6日	7日
	溫泉旅行	溫泉旅行
	●●車站集合 10：15發車	Check out
		午餐訂位
	觀光	
去●●店 停車場	Check in	
看牙醫		●●車站 19：45發車
	晚餐	
準備三道備菜 取回送洗衣物		

將待辦清單寫在空白處

在空白處寫下每天的待辦清單，管理每一日應該完成的工作。使用日計畫本可一眼了解所需時間，有助於提升工作的效率。

是一本能
妥善運用時間
的手帳本呢！

可用顏色區分

亦可按照行程的內容，以顏色進行區分，例如：會議用藍色、私人行程用橘色、文書工作用綠色等等。

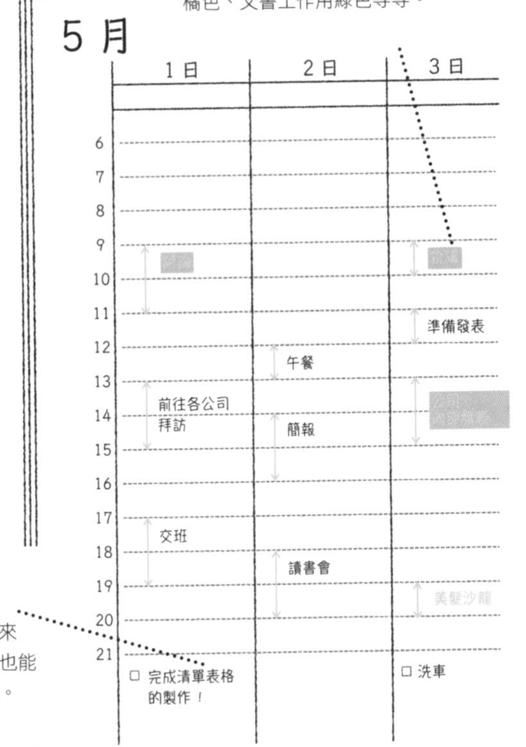

寫下當週計畫

有些日計畫手帳本的格子之外尚有空白處，可以用來寫下待辦清單或是目標，也能畫上地圖或是記下備忘錄。

POINT

方便管理「個人時間」與「他人時間」！

行程計畫表分為自己個人，以及與其他人共同進行的預定行程。將前者視作個人時間、後者視作他人時間，他人時間的自由度會比個人時間的自由度來得低。話雖如此，若能與對方談妥行程的時間，而非全盤照收，設法調動行程，如此便能保有個人工作時間。使用日計畫手帳本的話，就能輕鬆進行時間的調整。

預防常見錯誤的絕招

1 立刻寫下決定好的行程

造成行程表經常出錯的最大原因，就是「待會兒再寫」！如果沒有立刻寫下行程，不僅容易遺忘，也會搞錯行程的資訊。

2 多次查看當日行程

千萬不能覺得寫好了行程就萬事無誤。工作開始前、午餐結束後等等的空閒時間都可以，要養成定時確認行程表的習慣。

3 寫下逆推行程

無法按時完成目標，是因為把事情想得太過簡單。由截止日往回推算預定行程的所需時間並記在手帳本，就能避免「來不及完成！」的狀況。

4 寫下自己個人的工作時間

要確保尚有個人工作時間可進行文書工作等等。確實保留個人時間，就能按照行程完成工作。

ADVICE

騰出整理手帳本的時間！

不能寫好預定行程就將手帳本丟在一旁。若要管理好應辦工作或是達成目標，有空時就要再重新寫一次。記得要再整理一下手帳本，把行程再寫更清楚易懂，或使用顏色來區分等等都好。

使用一種計畫本管理行程

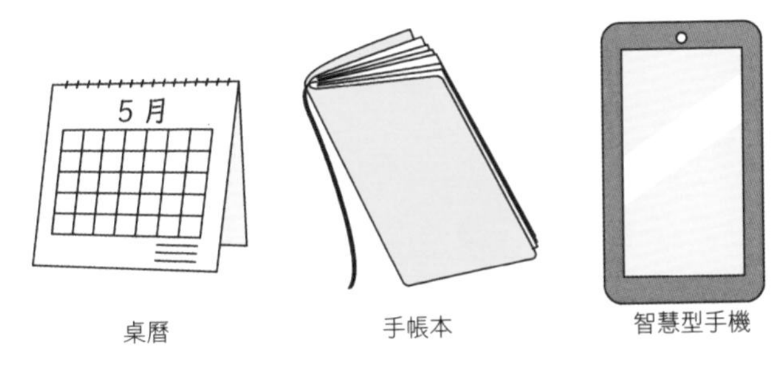

重複在不同的計劃本寫下預定行程，容易出錯！

①抄寫錯誤
②忘記謄寫
③忘記查看

使用一種工具整理預定行程，才能避免出錯。有許多人會同時使用3C產品與手寫式手帳本記下預定行程，不過基本上還是使用一種工具記錄就好。

使用手帳本，確保個人的時間

所有人一天都只有二十四小時，卻會因運用方式而有所差異。舉例來說，比起將時間分割成三等份但一次只工作十五分鐘，一次完整地工作四十五分鐘更會有效率。利用手帳本規劃預定行程的時間，在時間的規劃整理上就會更用心，確保留下自己的個人時間。

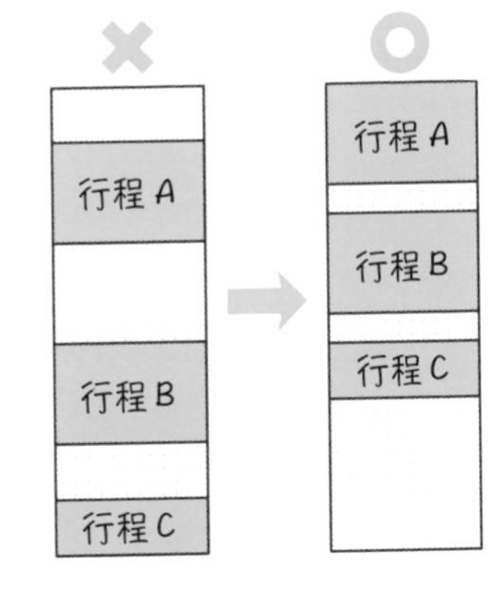

別人問了你預定行程之後，一定要好好地思考一下，才能回答「隨時都沒問題！」

月計畫本的使用方式無限大！

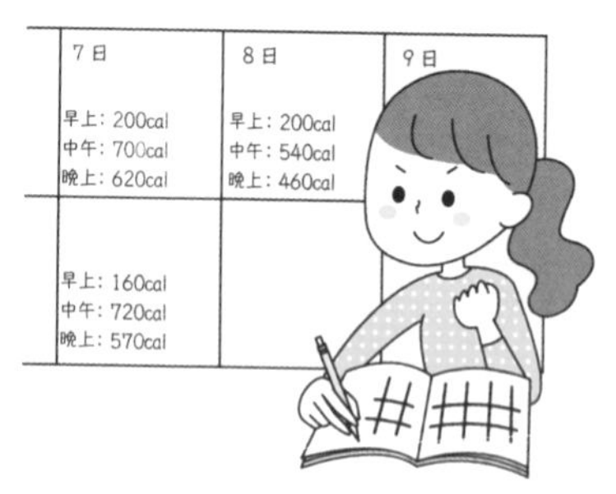

手帳本同時具備月計畫與週計畫，就可按照主題分別記錄。

飲食日記

試著記下每一天的飲食。不僅可應用在記錄式減重法，也能當成外食店家的備忘錄。

服裝打扮

記下每一天的穿著打扮，掌握自己有哪些衣服不穿，哪些衣服常穿。如此也能知道應該添購哪些服飾！

金錢日記

記錄自己花了哪些錢，透過收支記錄減少不必要的開銷。一併寫下剩餘金額，就能當成收支簿使用。

瘦身日記

記下每一天的體重。也建議各位使用計步器，一併記錄步行數。這麼一來，也比較方便訂定一周、一個月的瘦身目標。

ADVICE

也要講究書寫工具

最重要的就是有一支好寫的筆！ 建議使用耐水性強的筆，即使用螢光筆畫上記號也不暈染。

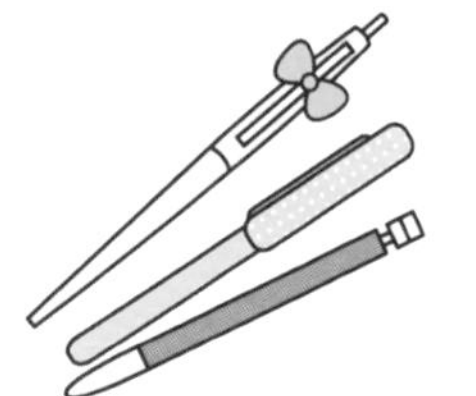

CHECK！你的筆！

- ☐ 好寫
- ☐ 筆尖細／不易消失
- ☐ 附有筆夾
- ☐ 好看的設計

一項一項記在空白區域！

- 造訪喜歡的店家之後的感想
- 想看的書
- 閱讀心得
- 便宜划算的資訊
  (特賣至○日等等)
- 想去的國家
- 想到的目標
- 想要的物品清單
- 想學的才藝候補
- 諸如此類

GOOD ITEM!

加上夾鏈袋，收納郵票、迷你信封袋！

活頁式手帳本加上夾鏈袋，就能將郵票、信封帶著走。也能裝名片、迷你尺、便利貼、備用現金等等，以備不時之需。

朋友或是關照過自己的人，這些人的生日一定都要記在手帳本裡。

讓手帳本變得更可愛！

10種活用方式

介紹讓你更有動力
記錄手帳本的小工具！

① 加上插圖

以插圖的方式呈現固定行程，看起來會更可愛。畫個旗子再加上時間就很不錯。

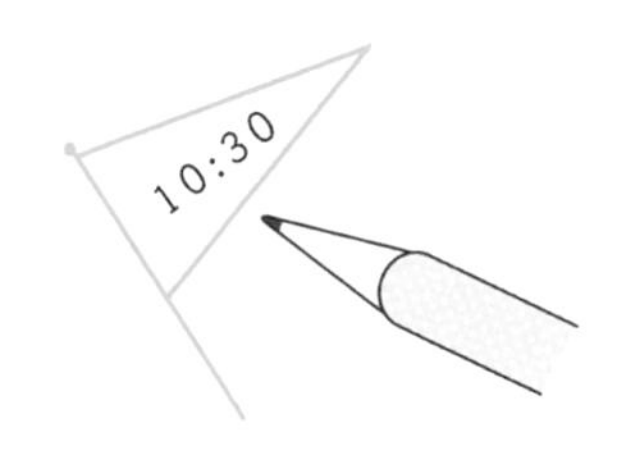

② 以螢光筆區分顏色

建議選擇色調柔和的螢光筆，也能用來替插圖著色。

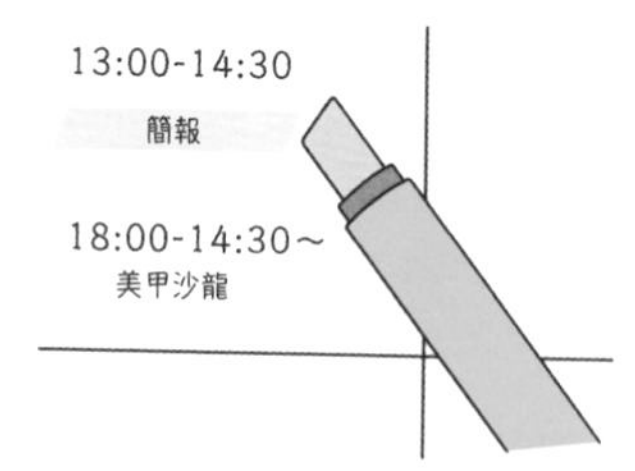

③ 蓋上印章

準備符號或數字印章。使用印章呈現月初時訂好的預定行程。

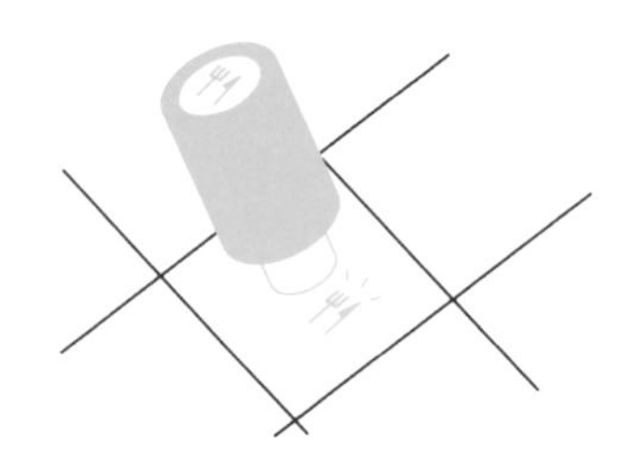

④ 重點行程加上貼紙

隨身攜帶星星、愛心等圖案的貼紙。加班日貼上星星貼紙，約會日就貼上愛心貼紙，不同的行程就貼上不一樣的貼紙。

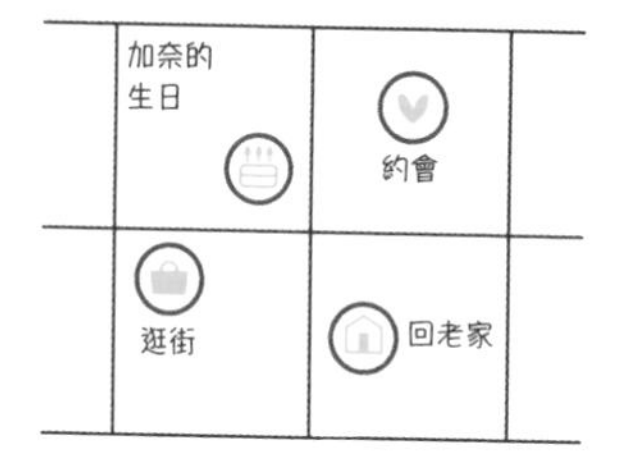

5 使用小圖示

使用小圖示表示「上班」、「去咖啡廳」、「去看電影」等常用預定行程。手帳本馬上變得更可愛。

6 將橫跨數日的行程貼上紙膠帶

將橫跨數日的行程貼上紙膠帶，行程的日期便可一目了然。

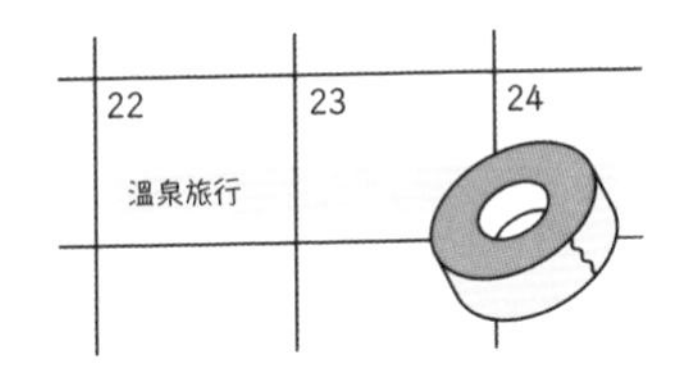

7 使用可愛造型的便利貼

使用不同顏色區分各種預定行程，或是將便利貼當成漫畫對話框使用。還可以將便條紙剪成可愛的形狀再貼在本子上，看起來也很不錯。

8 貼上照片

下載專門將照片製成貼紙的應用程式，就能將存在手機裡的照片印成貼紙。

9 善用便條紙抄寫備忘錄

將時間未定的預定行程、備忘事項等等寫在便條紙上。行程有變動時也只需撕掉再重新貼上即可，非常方便。

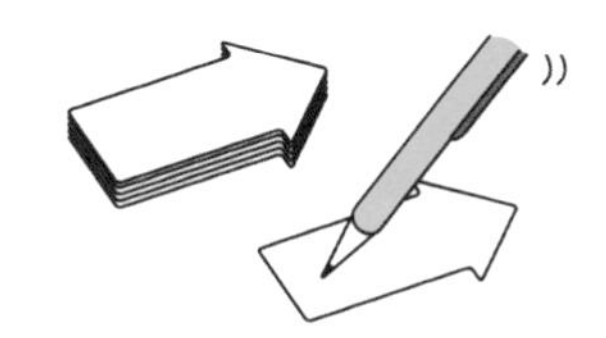

10 加上可愛的邊框

試著加上可愛的邊框，別只是寫下「跟A吃午餐」等等。加個邊框之後，看起來會多了時尚感。

準備一些迷你的印章，讓信紙或留言小卡片變得可愛又活潑！

實體手帳本 VS 數位手帳本，你選哪一個？

實體手帳本

優點

- 在通話中等狀況下，還是可以馬上打開手帳本記錄。
- 可自由選擇尺寸及封面設計。
- 可自由組合，並規劃成方便自己使用的格式。

缺點

- 無法往回追溯數年前的行程。
- 書寫的空間有限。
- 預定行程有變動時，不易修改。

使用擦擦筆或便條紙，寫下未來的預定行程

可能會變動的預定行程，就暫時用擦擦筆來記錄，或著寫在便條紙上，這麼一來要修改也比較方便。而且，手寫記錄的方式會讓印象更深刻，這點也是相對於數位手帳本的優勢。

想要回顧從前的行程時，數位手帳本會比較方便！

數位手帳本

●優點

- 可設定在行程前30分以提示音或訊息提醒。
- 容易修改。
- 不必在意書寫空間，想寫多少就寫多少。
- 可依照日、星期、月份查看行程。
- 輸入一次預定行程，就能顯示在所有的頁面。
- 數據方便共用。

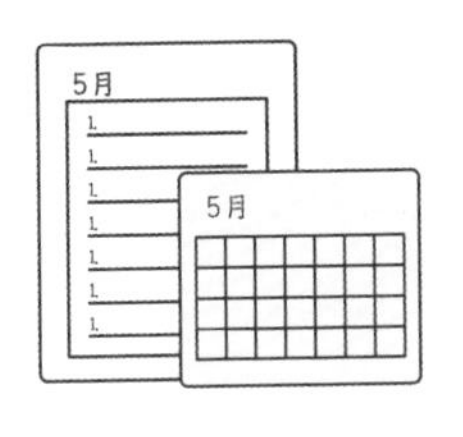

▲缺點

- 需要時間啟動手帳本。
- 不方便在眾人面前展示。
- 可能有臨時無法使用的危險性。

一直盯著手機，可能會被年紀大的人誤解！

目不轉睛地盯著智慧型手機，看起來就像是在打遊戲或是滑手機，這是數位手帳本的缺點所在。像是公務員、警察等規定較嚴格的職業，使用實體手帳本也許比較不會落人口舌。考慮使用時機、地點與場合，也是選擇手帳本時的重點。

結論 → 依照生活方式與工作內容挑選手帳本。

要使用實體手帳本，還是使用數位手帳本，全看個人的抉擇。要挑選出適合自己的手帳本。

整理好智慧型手機，用起來更方便！

手機 2

智慧型手機不整理就繼續使用

↓

可用空間不足，手機運作緩慢

得花許多時間來搜尋！

不必要的應用程式下載之後就放著不管，拍了照片或影片之後也不整理……。若不整理智慧型手機，很快就會耗盡手機的空間。所以，平常就要多用點心思來整理手機，像是將常用的應用程式放在主畫面，或將應用程式分門別類移入資料夾中。

定期整理智慧型手機

↓

增加可用空間，手機運作迅速

一點小保養，使用更方便！

想要讓智慧型手機用起來更順手，最重要的一點就是要定期保養。刪除快取資料（記憶曾開啟的數據，方便下次快速開啟的功能）、將圖片、影片移到電腦，或篩選必要的應用程式並進行更新等等，這些都是必要的定期性整理。

許多的應用程式都具有一鍵優化手機運作的功能。

這樣做就能釋放空間！
智慧型手機的6種保養技巧

養成每週整理一次智慧型手機的習慣，
就能讓手機用起來更順手！

隨時刪除不必要的資料

拍了相片或影片之後，是不是就放著不管呢？快取資料也一樣要時常清理。

不同時啓動多項應用程式

未關閉應用程式，接著又開啟其他程式，這麼做不僅會導致電池逐漸耗損，也會使手機的操作性能變差。應用程式的使用原則是一次只啟動一項！

定期刪除應用程式

商店打折時安裝的應用程式，是不是一直放著不管呢？用不到的應用程式就要解除安裝！

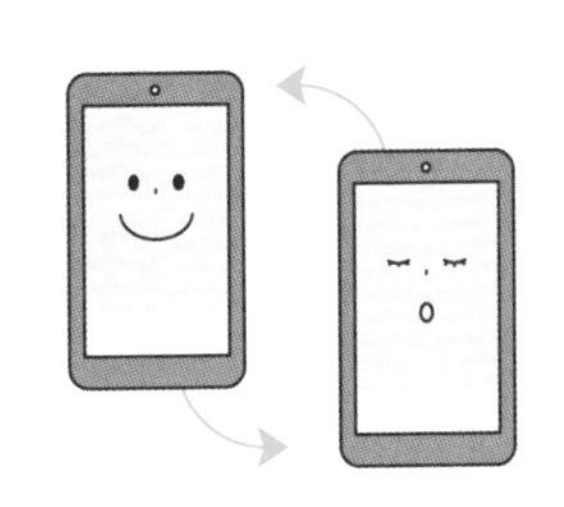

定期重新啓動

定期重新啟動你的手機。建議各位這麼做，是因為手機在重新啟動後會清理掉先前的設定或排除不順的狀況，所以操作起來會更順暢。

別忽略更新應用程式

設定應用程式自動更新，如此便可使用最新版本，也不會產生安全防護方面的問題。

確認數據用量

若數據用量有上限時，一旦超過用量便會遭到降速。因此要隨時注意自己的數據用量。

大型檔案該怎麼辦？

Android 手機可使用 SD 卡擴充空間，因此可將大型資料移至 SD 卡。而 iPhone 則可至〔設定〕增加容量。建議各位將照片或影片移至電腦管理（詳情請見 P.67）。

也要注意那些一直在運作的背景應用程式！

手機 2

善用資料夾管理，讓主畫面更清爽！

iPhone 系統

① 長按應用程式的圖示

↓

② 拖曳到欲歸納在一起的應用程式圖示上

↓

③ 形成資料夾

↓

④ 重複此步驟，分門別類整理應用程式

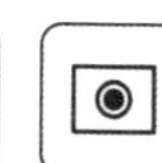

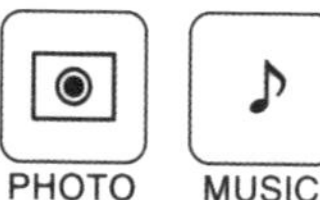

雖然分門別類收進資料夾，但不知道哪個資料夾放了哪些應用程式。我該怎麼辦？

將使用頻率高的應用程式放在原資料夾的旁邊。

按照交通類、照片類、影片類等等，將應用程式分門別類收進資料夾，並將使用頻率最高的應用程式拖曳至該資料夾的旁邊。如此一來，一看就能知道該資料夾裡放了哪一類的應用程式，使用起來會非常方便。

Android 系統

長按主畫面
↓

在主畫面新增資料夾
↓
將應用程式分門別類收進資料夾

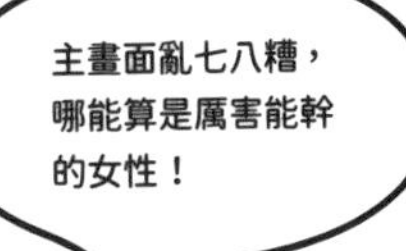

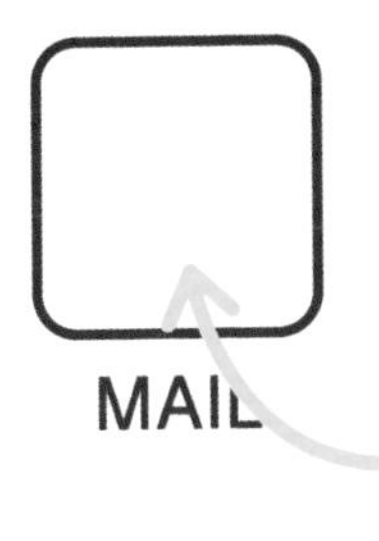

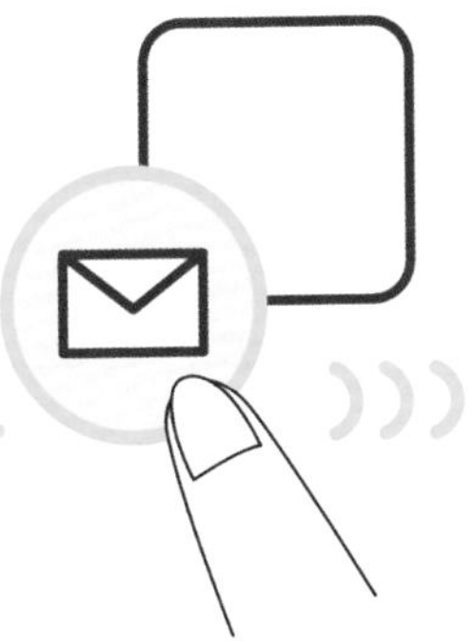

桌面小工具的使用方式

只要查看主畫面，就能獲得需要的資訊

桌面小工具是一種可新增至主畫面，如同小型應用程式的工具（Android 系統）。除了天氣、時鐘、新聞，也有搜尋欄、行事曆等小工具。每個小工具的視窗大小都不一樣，設計性較高，這也是桌面小工具的優點。另外，iPhone 系統若搭載 iOS8 版本，則可在通知中心裡新增小工具。

手機裡原有的應用程式也要整理至資料夾中，看起來才會清爽。

手機 2

這樣整理智慧型手機的照片與影片

大量的圖片資料，該怎麼做才好？

使用手機就能輕鬆拍攝，但相反地也會累積越來越多的相片與影片。這時只要利用自動備份至外部伺服器的服務，即可輕鬆整理影音資料。

ADVICE

首先嚴格篩選要留下的照片！

在妳的手機相簿中，是不是也有許多張照片都是以同樣的角度拍攝的呢？ 不必留下所有的照片，要養成嚴格篩選照片的習慣。

☑ **拍攝後立即刪除因手震而模糊的照片、未對焦的照片**

☑ **在角度相似或場景相同的照片中，選出拍得最好的一張**

手機容量都被照片或影片塞滿了嗎？

照片與影片的保存方式

① 利用雲端硬碟服務

線上儲存資料的服務。有些雲端硬碟還可自動備份，或是按照時間排列相片。

- Dropbox
- GOOGLE 相簿
- i photo album
- Flickr

② 使用雲端列印

列印出上傳至雲端的影像。使用超商的影印機即可輕鬆列印。

③ 製成相冊

利用電腦或手機輕鬆將照片做成相片書。把回憶都保存在相簿中，手機的資料就整理乾淨吧。

推薦的應用程式

除了 **GOOGLE 相簿**等雲端硬碟的服務，每月可免費印刷一本相片書的網站／應用程式「**NOHANA**」也很方便。

也有與家人共享照片與影片的功能！

也有可與家人共享照片與影片的應用程式，例如：「**Lifebox**」、「**Flickr**」等。這些應用程式可免費上傳，並有上傳容量的限制，亦可添加說明文字等等。即使與家人分隔兩地，也能就近感受到孩子的成長。

就算手機容量滿了，這些回憶也不會消失，真的讓人好安心！聰明地保存這些回憶吧。

iPhone vs Android 哪個才方便？

智慧型手機分爲 iPhone 與 Android 這兩種類型。
到底選擇哪一種才好呢！？

iPhone 的保護殼或皮套絕對占優勢

iPhone 手機的保護殼或是皮套的種類，相對來說較為豐富，可開心地挑選。

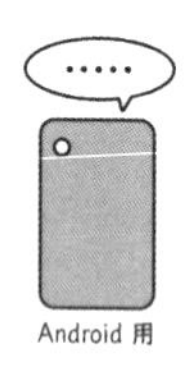

自定主畫面小工具 Android 更勝一籌

只有 Android 手機才能利用桌面小工具等等自由改變主畫面。

iPhone 的操作與相機功能相對穩定，Android 手機則視機型而定

依各機型的差異，Android 系統的手機在操作上或相機表現上也都截然不同。因此在購買新機型時，也許會稍稍感到不便。

POINT iPhone 與 Android 最根本的差異在於？

開發手機基本軟體的公司為兩間不同的公司。iPhone 為 APPLE 公司的產品，Android 則由 Google 開發。

比較主要差異！

	iPhone	Android
OS	iOS	Android
製造商	Apple	SONY、Samsung 等
操作	簡單	可自定義主畫面或圖示
應用程式	較多	比 iPhone 少
價格	偏高	視機型而異
桌面小工具	新增至通知中心	可新增至主畫面
連接 PC	可透過 iCloud 連接 Mac	△
microSD	使用 iCloud	某些機型適用
備份	使用 iCloud	可使用 Google 帳戶等

iPhone 與 Android，哪個才好？

沒有絕對的好或壞！還是得依照自己的喜好來挑選。

這二種系統的手機有各種可以比較的差異處，例如：iPhone 不論哪個型號的操作都是固定不變，而 Android 系統的操作則視機型而異；Android 有返回鍵，iPhone 則無……諸如此類，卻沒有絕對的優劣之分。所以還是要按照自己的生活習慣或個人喜好來挑選。

真想找到適合自己的機型！

定期更換保護殼或皮套，讓心情煥然一新！

手機 2

希望各位安裝的基本應用程式就是這些！

1 瀏覽器

用來在網際網路上讀取網頁的應用程式。主要的瀏覽器有 Safari、Google Chrome 等等。

2 地圖應用程式

輸入目的地，便可透過聲音等方式詳細引導。有 Google Maps、Yahoo! 地圖等。

3 圖片管理應用程式

Google Photo、Quick Pic 具有按照拍攝日期或地點自動歸類至資料夾等功能，在使用上相當方便。

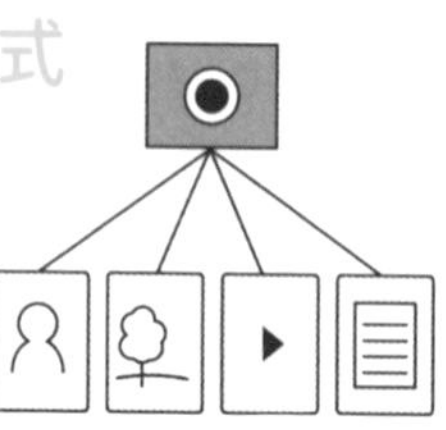

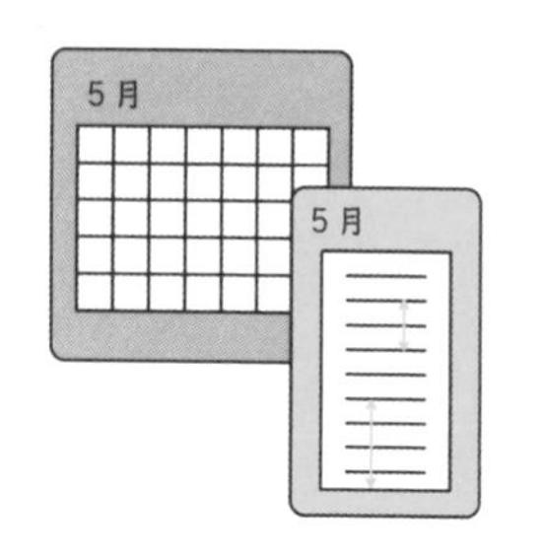

4 行程管理應用程式

主要有 Google Calendar、Jorte Calendar 等等。有些應用程式亦可管理工作行程，或是可更改主題頁面。

5 交通類應用程式

如：**轉乘神器**、**樂克轉程通**等等。只需輸入出發車站及目的地，便會詳細指引路線或交通方式。

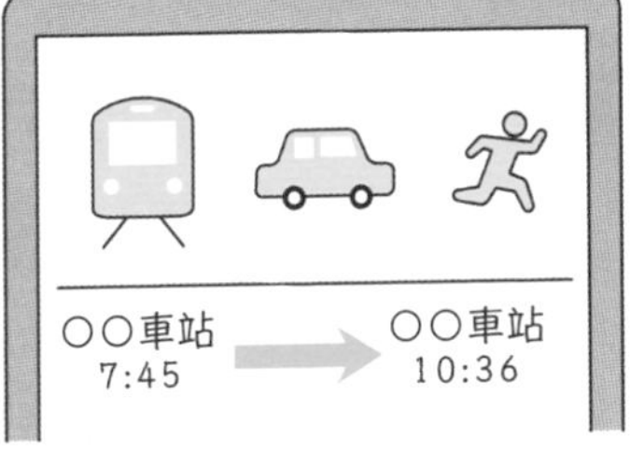

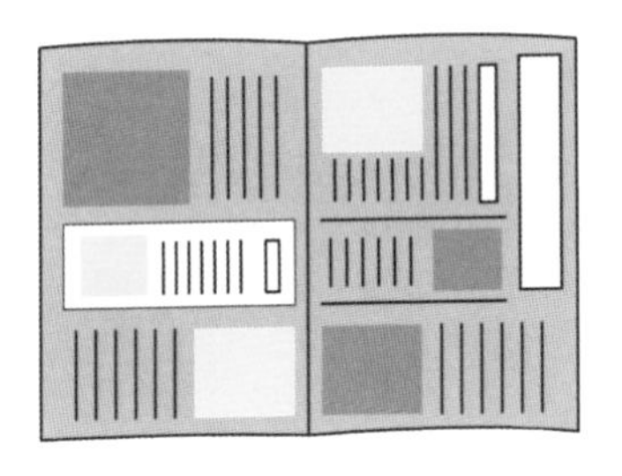

6 新聞類應用程式

身為一名成熟的女性，每天的通勤時間都要閱覽新聞內容。建議使用可離線瀏覽的 SmartNews 等應用程式。

7 音樂、影片類應用程式

如：KKBOX 等音樂串流服務，亦有如同演唱會現場感受的音樂應用程式。還有像是 Magisto 等可自由編輯已錄製影片的應用程式。

8 備忘錄 & 檔案管理程式

可依資料夾呈現手機內部資料與 SD 卡資料，如：Dropbox 等，都是相當方便的檔案管理應用程式。

爲了使用方便而安裝了一大堆的應用程式，是造成空間不足的問題源頭！

這種時候就很方便！專爲女性設計的 15款免費應用程式

在此爲各位介紹一些推薦的應用程式，
身爲一名成熟的女子，安裝這些應用程式必能派上用場。

想要記帳時…

天天記賬
有貼心的發票收據夾功能，讓收支明細有據可查，也能製作財務報表，讓妳對收支狀況一目瞭然。

2秒家計簿 OKANEKORE
啟動後只需選擇項目及金額並輸入，2秒即可完成計帳，是一款名符其實的應用程式。

想拍出美美的照片時…

Foodie
一款可拍出令人垂涎的漂亮料理照的相機應用程式。內建熱帶風情、甜美等濾鏡。

B612
一款內建多款臉部辨識貼圖，以及具備美肌濾鏡等多種美顏效果的相機應用程式。

靜音相機
拍攝時無快門聲的相機應用程式。在餐廳等場合不希望發出快門聲時，會是一款相當方便的應用程式。

想要有效瘦身時…

FatSecret 卡路里計算器
可以輕鬆記錄飲食、運動量、體重變化和所吃的食物，還可以用日常表安排記下每天的變化和進展。

瘦身旅程
用照片記錄和分析每日體重、體脂、身體圍度以及身材的一切變化，全面地記錄瘦身過程。

想要挑選店家時…

愛食記
此應用程式的特點在於投稿評論時採實名制，因此大多皆為可信度高的評價。

食在方便
提供網友推薦的人氣餐廳、隱藏小吃、夜市美食，一鍵就可以依所在地點搜索到好吃的店家。

想決定今日菜單時…

愛料理
台灣第一名的食譜 App，搜索食譜和食材關鍵字，就能找到想嘗試的美食料理，圖文步驟非常詳細。

想變得有時尚感時…

Nailbook
不僅刊載超過了兩百五十萬種的美甲設計，也能搜尋超過八千間以上的美甲沙龍。

LOOKS- 變漂亮
讓你看起來更加美麗動人的美妝相機應用程式。還可透過濾鏡體驗各大彩妝品牌的商品。

時尚搭配 WEAR
900萬張男女最流行的時尚搭配照片，傳遞最流行的服飾靈感，還能輕鬆收藏喜歡的穿搭祕訣。

想要旅行時…

Expedia 智遊網
可從一百萬件以上的資料中搜尋機票、酒店、當地行程。有時利用應用程式下訂單，還可獲得更划算的價格。

tripadvisor
旅遊規劃工具，可搜尋美食景點，有超過7億則有關住宿、航空公司、觀光、餐廳和郵輪的評論和意見。

下載多款同類型的應用程式進行比較，也是不錯的方式！

第三章

管理財務

管理帳戶

信用卡

薪資明細

記帳簿

儲蓄與投資

其他

出社會工作好幾年，卻還是沒什麼積蓄；不是開了一大堆的銀行帳戶，就是辦了好幾張信用卡——你也是這樣的人嗎？有著同樣困擾的人，不妨試著「整理財務」，重新審視自己的財務狀況，例如：每個月應該花多少錢在哪些用途？每月的存款目標應該設定多少？年終獎金又該如何使用？

財務 3

存得到錢的錢包，會是什麼樣子呢？

裝了滿滿的卡片與銅板，
根本就不清楚到底有多少錢
↓
容易亂花錢

顯示出「用錢的態度」

錢包裡塞滿了明細表，搞不清楚錢包裡放了多少錢，卡片與優惠券也越積越多，必要時卻又找不到——要是拿著這樣亂七八糟的錢包，對於財務的管理也會心生惰意，不管過了多久還是存不了錢。

攜帶的卡片越少越好，
掌握現金狀況

存款就會越來越多

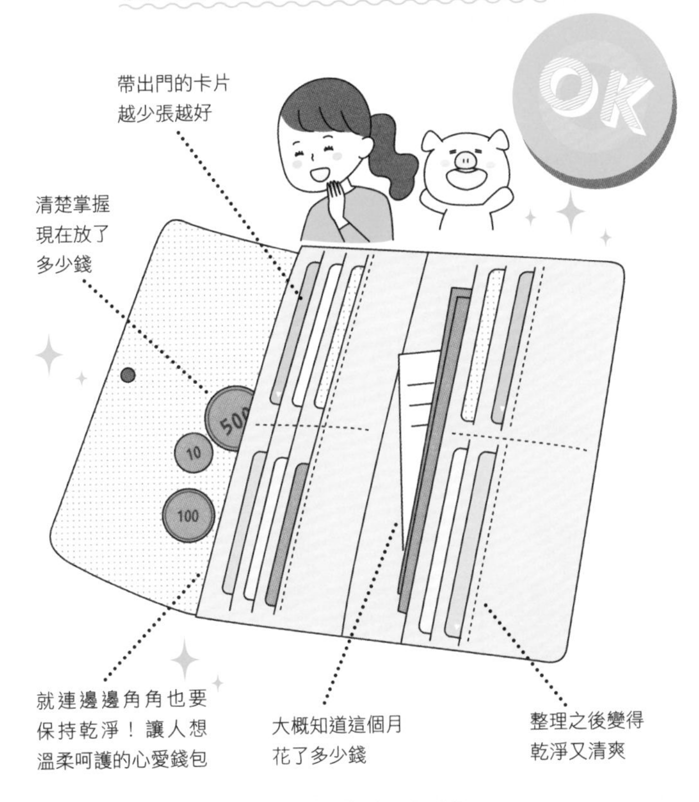

每當打開錢包，都有好心情！

把錢包整理整齊乾淨，就能清楚掌握現金的收支狀況，也能掌握自己放了多少錢在錢包裡，知道哪幾張卡片真的用得到。錢包若是乾淨又整齊，不僅能大方且自信地打開使用，出門時也不會增加額外的花費

最理想的做法是另外保管健保、悠遊卡等。

財務 3 應該把錢花在哪裡？最多花費多少？

分成固定開銷與臨時開銷來考慮

分成「每個月的固定開銷」、「金額不定的生活開銷」、「每個月變動的開銷」這三點來考慮。

收入	比例	分類
房租	2～3成	每月的固定開銷
保險費	0.5成	每月的固定開銷
電費與瓦斯費 電話費	1～1.5成	每月的固定開銷
伙食費 日用品等雜費	2～2.5成	每月的固定開銷
娛樂費 治裝費等	2成	娛樂費：每月的固定開銷；治裝費等：每月的臨時開銷
存款	1～2成	每月的臨時開銷

每月的固定開銷

金額固定的開銷 ＝ 房租、保費等

每月金額不定的開銷 ＝ 電費與瓦斯費、通訊費、伙食費、日用品費

每月的臨時開銷

存款、娛樂費等

治裝費與娛樂費都不是必要的花費。只要節省這部分的開銷，就有增加存款的可能。

收納每月的用錢方式！
只要減少固定開銷，就能增加存款！

花不完的錢才存起來，是錯誤的存錢方式，應將儲蓄金額編入固定開銷

規定自己要從每月收入撥出預設的儲蓄金額。儲蓄的重點在於明白自己只能使用剩下的錢過生活。

調整電費與瓦斯費、電話費的基本方案

電費與電話費是每個月都得支出的開銷，但只要調整基本費率，就能省下不少錢。如此一來，也就不需要那麼努力地節省其他開銷了！

規定餐費、治裝費、與娛樂費的「上限」

治裝費、娛樂費等等，都要算在零用錢當中，絕對不可以有多少錢就花多少錢，要規劃好每個月零用錢的使用上限。

若不希望揮霍度日，重點就在於要掌握自己花了多少錢，整理清楚財務的收支。

ADVICE

規定自己只能奢侈地買一樣東西

「這個月就，把化妝品都買齊」、「下個月去看期待已久的表演時，要買個好一點的位子」，試著訂下每個月可以奢侈一次的規範。這樣做比較不會造成壓力，而且也能存得到錢。

醫療險、壽險等都要配合生活所需重新調整，將這類的花費縮減到最少！

擁有自己的「家庭銀行」

財務 3

讓存款增加的儲蓄守則

1. 銀行帳戶分爲兩個，一個儲蓄用，另一個繳費用
2. 在同一間銀行開戶
3. 以綜合帳戶的存摺來管理
4. 以同一個帳戶設定自動扣繳
5. 結清靜止戶

綜合帳戶的功能

將活期性存款、定期性存款綜合至一個帳戶之內，稱為綜合帳戶。因自動扣繳等支出而致活期存款的餘額不足時，得以定期存款為擔保，自動辦理質借。銀行等金融機關會自動提取活期存款作為準備金，且依各金融機關的規定，綜合存款亦有外匯存款、投資信託、住宅貸款等功能。

家庭銀行要選擇巨型銀行還是地方銀行？

如果你是上班族的話，最好的做法是以薪資轉帳戶作為主要銀行。至於要選擇大型銀行還是地方銀行，則取決於你目前居住地的便利性。

如何挑選家庭銀行

1 附近有分行或 ATM

挑選的重點之一是公司或住家附近有分行或 ATM。若使用其他金融機構的 ATM，可能需另付手續費。

2 手續費較便宜

轉帳手續費等費用依各金融機構的規定收費，得詳細查詢才會曉得。有些超商的 ATM 免收手續費，需視條件而定。

3 配合自己的用途來挑選

從事網拍就需要網路專用銀行，想投資則要選擇大型銀行，挑選時要配合自己的用途。

4 方便理財

挑選方便理財的金融機構，例如：便利性高的網路銀行。

各銀行金融機關，哪裡不一樣？

都市銀行、地方銀行

一般銀行。分為遍布於全國各大都市中心的都市銀行，以及以地方都市為主要根據地的地方銀行。

中華郵政

台灣郵政股份有限公司。優點是可在全國各地的郵局存提款、匯款。

合作金庫

合作金庫商業銀行為辦理一般工商企業存、放款業務，具有農、漁、工商企業金融之綜合性銀行。

信託銀行

除了銀行業務之外，亦兼營信託業務（銀行預借顧客所持財產，運用預借的資金，提高銀行收益）。

網路銀行

主打透過電腦或智慧型手機進行轉帳與存提款服務的金融機構。一年365天、一天24小時皆可存提款。

有些銀行的 ATM 在營業時間以外不收取外匯存款交易的手續費！

財務 3

申請兩個帳戶，一個儲蓄用，另一個支出用

普通帳戶

儲蓄用帳戶

薪資帳戶

這個帳戶不設定任何自動扣繳，只能提領自己設定的金額至支出用帳戶。

→ 設定的金額

支出用帳戶

存入要用的錢

房租或電費與瓦斯費、每月自動扣繳的信用卡費等等，一切支出皆使用此帳戶。

||

不用申請金融卡，只能提領設定好的金額！

||

設定可用金額的「上限」！

把用剩的錢全部存入儲蓄用帳戶

依存款與提款區分帳戶

制定複雜的提款流程，讓自己無法輕易提領出帳戶的存款。以薪資帳戶作為儲蓄用帳戶，而且此帳戶不申請提款卡，若要提款，就只能前往該銀行。決定好每月的開銷額度上限，只領出該金額至支出用帳戶內。如果有用剩的錢，就全部再存起來。

COLUMN

亦可參考網路銀行！

網路銀行具有 24 小時皆可存提款、轉帳手續費便宜、存款利息較高（0.05%～0.25%）等優點！ 但有優點就有缺點，缺點之一就是僅能在限定的 ATM 提領現金。

POINT

依使用便利性決定申辦銀行

挑選金融機構的重點除了利息與手續費，地域性也是重要的考量之一。大城市裡有許多大型都市銀行的 ATM，地方主要都是地方銀行的 ATM。若有房貸等需要，使用地方銀行或是信用金庫也許會比較有利。

現金存款利息低迷，交易手續費可說是一大損失。比起利息，成本反而更高！

成熟女子就得了解薪資明細

財務 3

薪資分爲固定費與浮動費

薪資包括了基本工資、交通費、住宅補助等固定費，以及加班費、假日出勤津貼等浮動費。若按照收入較高的月份來設定生活水平，萬一收入變少的話，就有可能出現入不敷出的情況！

例（以左頁的明細爲例）

總支付額 35712 元當中

24000元…固定費

11712元…浮動費

在安排家計預算時，要以收入較少的時期爲基準

配合較低的浮動收入，可使儲蓄變得更輕鬆。相反地，電費與瓦斯費等浮動支出費用則要以金額較高的浮動收入為基準，以此決定支出費的「上限」。

薪資中各項扣除明細的涵義

勞保費

凡年滿15歲以上，65歲以下，受僱之本國籍勞工或本國人之外籍配偶、大陸配偶，依法在台工作者，均應於受僱單位參加就業保險為被保險人。應參加勞工保險及應參加就業保險之勞工，應同時計收勞工保險費及就業保險費。

健保費

全民健康保險，一般簡稱為「全民健保」或「健保」，是一種強制性保險的福利政策。二代健保於2013年1月1日實施並開徵補充保險費，補充保險費的費率，依照二代健保法修正案規定為2%。

病假

勞工因普通傷害、疾病或生理原因必須治療或休養者。一、未住院者，一年內合計不得超過三十日；二、住院者，二年內合計不得超過一年；三、未住院傷病假與住院傷病假二年內合計不得超過一年。普通傷病假一年內未超過三十日部分，工資折半發給。

事假

勞工因有事故必須親自處理者，得請事假，一年內合計不得超過十四日。事假期間不給工資。

薪資明細範例

支付	固定薪資	24000
	平日加班費	2458
	假日加班費	1051
	全勤獎金	1000
	職務津貼	2000
	業績獎金	2200
	禮金	3000
扣除	勞保費	842
	健保費	564
	病事假	0
總支付額		35712
扣除額		1406
實際支付額		34306

住民稅是由前年的所得計算而出，因此當換工作而使收入減少時，就必須多加注意。

財務 3

事先決定好每月的儲蓄金額

制定儲蓄計畫，先把「一～二成」的實際收入存起來！

儲蓄的原則在於不勉強，要持之以恆。基本的儲蓄金額為實際收入的一～二成。儲蓄並非「用剩的錢才存起來」，而是先把錢存起來才對。只要每個月都先將實際收入的一成撥入存款，十個月後的存款就相當於一個月的薪水。首先，就以存到一個月份的薪水為目標！ 儲蓄的祕訣就在於「制定『不需思考』且能『自動』存款的儲蓄計畫」。

邁向儲蓄的4 STEP

STEP 1

首先以存到一個月份的實際收入爲目標

↓

STEP 2

三個月份的實際收入

↓

STEP 3

十萬元

↓

STEP 4

一整年的實際收入

最理想的狀態是在30歲左右完成此目標

立刻停止這麼做！
無法增加儲蓄的 5 個習慣

1 身上沒錢就去 ATM！

ATM 並不是你的錢包。最重要的是養成良好的用錢習慣，決定好一個月使用的額度之後，用的錢就不能超出這個範圍。

2 水電費用逾期未繳

水電費用雖然經常在變動，卻也是每個月的必要開銷。所以要以用量較高的月份為基準，將開銷編列至預算之內。

3 沒有現金時就依賴刷卡

不可因為「就算沒有現金一樣還是能夠購物」就申辦信用卡。每個月都要想好預計刷多少錢。

4 常在超商順手買小額商品

買寶特瓶飲料、便宜的小點心等，這些錢一樣會累積成一筆可觀的數字。想要喝飲料的話，就記得帶個水壺，想辦法讓自己別一買再買。

5 喜歡網路購物

網路購物時並不會動用到現金，不易有花錢的實在感，一不小心就會買過頭。要搞清楚自己是否真的需要購物。

別再因爲東西便宜所以就出手購買。這樣做只會導致買來的東西被丟在一旁不用。

如何運用振奮精神的年終獎金

財務 3

年終獎金是一筆變動不固定的金錢，所以別指望把這筆錢當成生活費！

年終獎金會受到景氣的動向等因素影響，説到底，這筆錢就是一項臨時收入。當公司的業績惡化時，也有可能發生獎金歸零的情況。若想著用年終獎金填補生活費，可説是非常冒險的做法。

為自己而用也很重要！

收到年終獎金是能增加存款簿厚度的大好時機。不過，抽出一定比例的獎金來慰勞自己也很重要。因為好好犒賞自己之後，才會更加努力工作。

ADVICE 1

不要只是單純的「消費」，而是用來投資自己

開始去上心中仰慕的老師所開設的課程、出發前往自己感興趣的國家等等，妥善運用年終獎金，進行讓自己更加閃耀的投資。

年終獎金的分配方式

獎金最多只能用一半！剩下一半要存起來

分配年終獎金時大致分成兩半，一半是「儲蓄金」，另一半是「可用資金」。這時不用決定要存多少錢，只需記住五成左右的獎金都要存起來，這樣的做法比較能夠應變獎金金額的變動。考量到突然受傷或生病等意外開銷，所以把這筆獎金存入活期存款，需要的時候也會比較方便。

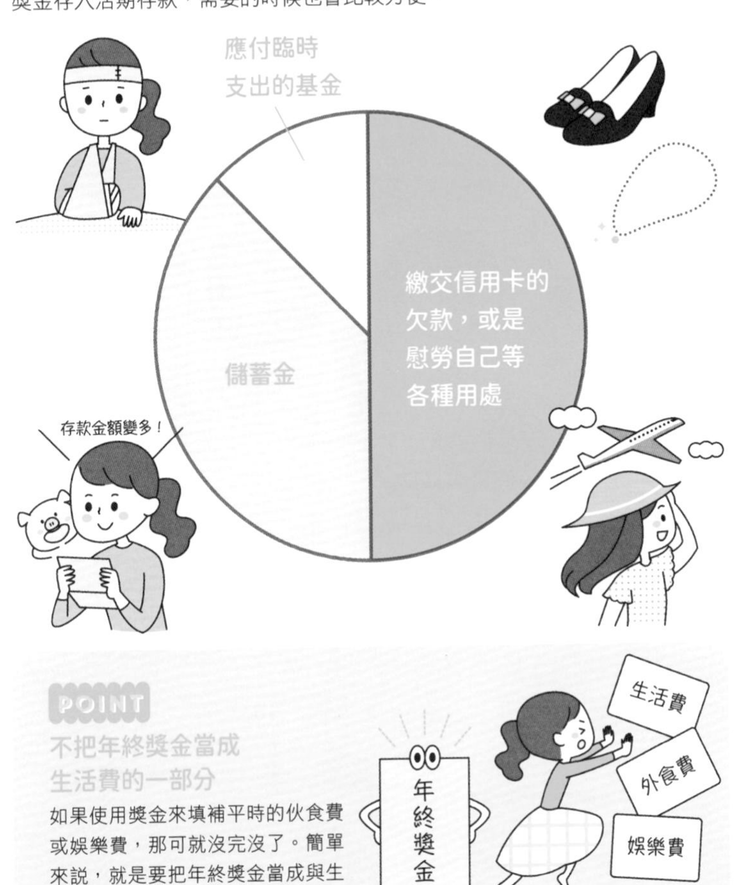

POINT

不把年終獎金當成生活費的一部分

如果使用獎金來填補平時的伙食費或娛樂費，那可就沒完沒了。簡單來說，就是要把年終獎金當成與生活費互不相干的收入。

試著大膽買下可提升自己品味的飾品或包包！

財務 3

存款越來越多的人都會使用記帳簿

不知不覺間把錢花光，也不好好記帳，還不在意自己花了多少錢、買了什麼東西——這樣的花錢方式，很有機會入不敷出。

養成記帳的習慣，就能仔細回顧自己的購物記錄。自然能減少不必要的浪費，甚至培養出以便宜划算的價格買到同項物品的購物能力。

ADVICE

每月都要補登一次存摺本

明明不必要繳的每月固定費用、年會費，卻還是持續扣繳。補登存摺本之後，說不定會發現一些不必要的支出！

首先要寫下支出

從記錄每天買了什麼東西開始下手。在記錄的過程中，大致上就能知道一個月花了多少錢在哪些開銷上。同時也要規定自己每個月的刷卡上限。

掌握一個月花了少錢

了解是否透支

記錄一整個月的支出項目，再從收入扣除支出總數。如果是以信用卡支付，不管是記錄在扣款月還是刷卡月都好，選擇自己方便記帳的方式即可。總之重點要知道自己是否已經透支。

調整用錢方式

記帳簿最大的用處，就是知道自己的用錢方式。如實且詳細寫下每一項支出，也可以知道經常購買的商品底價，或是發現自己日常的消費習慣。

COLUMN

可以試試看方便的記帳簿應用程式

有些應用程式可以連結銀行帳戶、信用卡、集點卡等等，有些則是可以拍照讀取明細表，推薦各位可以試試看這些方便的記帳簿應用程式（詳細參閱 P72）。

記帳簿可不是單純用來記帳而已。最重要的是掌握住自己花了多少錢買了什麼東西。

消滅不明支出的4個重點

如果久久才記一次帳，錢包裡的現金跟記帳簿的支出合計就會開始有出入——你也有相同的問題嗎？

POINT 1
使用手機等工具，記錄沒有明細表的支出項目

付款後沒有明細表的情況最容易造成用途不明的支出。若有平攤費用等等，也記得先用手機寫下備忘錄，免得忘記。

POINT 2
錢包裡不放明細表

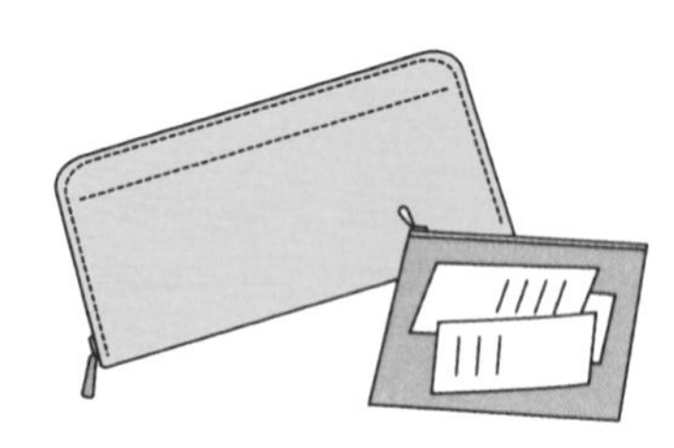

沒整理的錢包總是又沉又重。這時如果還把明細表塞進錢包，看起來就更加亂七八糟。所以，要隨身攜帶一個明細表的專門收納袋。

POINT 3
依自己的步調記帳，例如：每週一次

累積太久的帳目未登記，記憶就會變得越來越淡，很容易造成支出的用途不明。養成依自己的步調寫記帳簿的習慣，例如：規定每個星期天都要記帳一次。

POINT 4
盡量使用信用卡結帳

使用信用卡結帳不僅能夠留下記錄，還能夠累積紅利點數。小額支出也使用刷卡結帳，這樣就不會找回太多零錢，維持錢包的清爽。

用途不明的支出都是「不翼而飛的錢」

每月支出與餘額若是只相差在幾百元以內，那麼當然可以把這些錢當成用途不明的支出來處理！但如果相差金額的單位是以千元計算的話，那可就大有問題。用途不明的支出就等同於不翼而飛的錢。

☑ 收入26000元
☑ 記帳本上的支出2000元
☑ 正餘額6000元
||
☑ 如果實際上餘額爲5000元
||
1000元 都是用途不明的支出！

這些都會成爲用途不明的支出！

在自動販賣機買東西

假如每星期在自動販賣機買一罐25元的飲料共五次，一個月就會花500元以上！小額開銷越積越多，等到察覺時就已經是累積上千元的用途不明支出。

捷運或公車的車票錢

使用零錢付捷運或公車的車票錢時，很容易忘記有這筆支出，所以記得要把這筆錢寫下來，在購買交通儲值卡時，也務必要索取收據。

丟掉明細

超商的門口外就有明細表丟棄處！因為錢包塞不下，就把明細表扔在超商門口的丟棄處，如此一來這一筆錢會直接變成用途不明的支出。

有些人連五塊錢以下的帳目也斤斤計較，但其實把尾數去除不計也無妨。

信用卡縮減至一張的好處

1. 方便累積紅利
2. 易於掌控刷了多少錢
3. 不需繳交不必要的年費
4. 不會增加錢包體積
5. 持有聯名卡、信用卡各一張很方便

銀行卡＝由信用卡公司本身發行

聯名卡＝各種紅利回饋與優惠

許多信用卡購買機票或是車票等交通工具，都會有旅行平安險，但是保險的額度通常與信用卡等級成正比，等級越高保險也越高，但是要注意有沒有必須要支付超過比例，以滙豐為例，必須要全額信用卡支付全額公共運輸交通工具費用，或參加旅行團時支付旅遊團費總額之80%以上，才能享有旅行平安險及旅遊不便險。

※ 狹義上的銀行卡僅限於 JCB 卡、美國運通卡、大來卡，VISA、Master Card 等國際信用卡組織本身並不發行信用卡，這裡所提到的銀行卡亦包含 VISA、Master Card 等組織授權給其會員銀行所發行的銀行卡。

ADVICE

大原則是一次結清！

刷卡時一次結清的話，基本上是不需要負擔手續費。然而，少部分的分期付款則有例外，例如：一筆結帳金額分兩期刷卡時同樣免手續費。此外的付款方式、分三期以上的付款或變形分期付款等則須負擔手續費，因此並不建議各位使用。

持有多張信用卡時的幾個注意重點

確實掌握哪些項目花了多少錢

手上持有多張信用卡的話，很容易搞不清楚每張信用卡分別刷了哪些款項、刷了多少錢。如果造成扣款日當天的帳戶餘額不足，可就大事不妙。所以，記得把每一張卡的刷卡款項都記錄下來。

注意年費有沒有調漲

雖然一張卡的年費只要一千元，但如果辦了五張卡，那就要付五千元！大多數需繳年費的信用卡紅利回饋都比較高，並且自動附加海外旅遊平安險，還能使用機場貴賓室等等，可享有各種優惠，但在辦卡時還是得審慎挑選才行！

注意別讓紅利回饋分散

使用多張信用卡的話，一定會分散紅利回饋。建議各位申辦一張對自己最划算的聯名卡，並且申辦一張當成預備卡使用的銀行卡。

可持兩張信用卡，遺失時才有應急的卡片可使用！但申辦三張就太超過了

信用卡遺失後的補發手續得花上七～十天。主要使用的信用卡帶在身上，用來應急的備用信用卡則放在家裡，萬一有緊急狀況時也能安心。但是申辦三張以上信用卡就太超過了。

別因為申辦免年費就放心辦卡！也要注意是否第二年就會開始收取年費。

配合個人生活方式 刷卡 才能更划算！

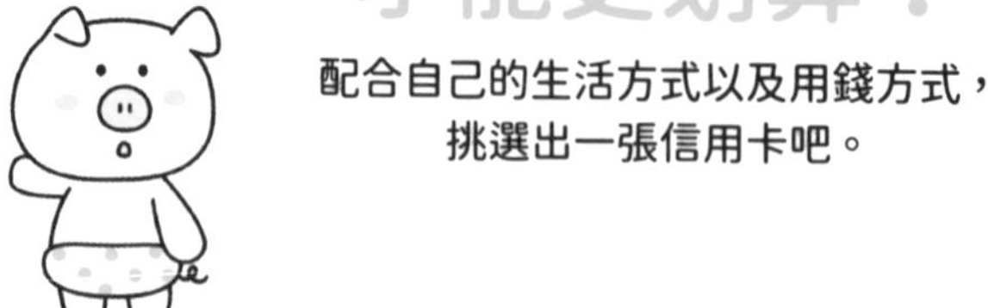

配合自己的生活方式以及用錢方式，挑選出一張信用卡吧。

想要累積里程數，就要辦航空聯名信用卡

若希望透過消費累積里程數，那麼建議你申辦航空聯名信用卡。像是花旗寰旅世界卡、國泰世華亞洲萬里通等，除了刷卡消費，還可累積里程數。持某些聯名卡前往特約商店消費，還可獲得加倍的紅利回饋。

網路購物的聯名信用卡

經常在購物網站消費的人，若持有玉山、國泰等銀行與網路購物平台合作的聯名卡，便可獲得許多優惠。在某些網購通路還會享有5%回饋，在消費時若精打細算一番，就能獲得相當驚人的回饋。

有些聯名信用卡在享樂的同時，還可獲得各種優惠

有些聯名卡會提供各種與舞台劇、電影等相關優惠，也是不錯的選擇。這些聯名卡可以預訂想要看的舞台劇門票或電影票等票券，或是提供平日六折，假日200元起等優惠，讓你能夠盡情地享受樂趣。

高鐵信用卡優惠

年假返家或工商出差，也可尋找能用銀行紅利折抵高鐵票的信用卡，如渣打銀行優先理財無限卡，若前月新增消費達2萬元以上，次月可享標準車廂對號座票價85折優惠。

經常購物的超商或超市的聯名卡

國內知名的量販店、連鎖超市等，包括大潤發、家樂福、好市多、頂好、全聯等，都與銀行合作推出量販聯名卡，只要善用銀行與量販店推出的聯名卡，就能享分期0利率、刷卡金回饋、滿額禮等等的優惠。

雖然提高信用卡的等級，其年費也會跟著增加，但如果點數回饋比率也會提高的話，那麼一樣很划算。

投資的資金最多占收入的一成

財務 3

投資的注意重點

❶ 每月踏實地投入資金

金融商品的損益會根據購買的時間點而有所不同。假設一年投資一次，一次投資十二萬元，萬一買入的時間點在於高點，那可就虧大了。如果是每月投資一萬元，共分成十二次投資，這樣的方式比較能夠分散風險。

❷ 投資的資金最多只能占收入的一成

若用生活費來投資具有風險的金融商品，一旦投資虧損，日子可就難過了。所以要規定自己最多只能使用一成收入來投資。

❸ 分散投資以降低風險

若只將資金投注於同一樣商品，一旦其價值暴跌，就會造成巨大的虧損。可藉由分散投資多種金融商品來降低風險。投資的目標不在於短期的獲利，而是要透過以十年為單位的長期資金運用創造收益。

證券投資信託的結構

1 購買證券投資信託

除了證券公司的營業窗口，亦可在銀行、郵局、網路證券等購買證券投資信託。手續費則視各金融機構而定。

2 由投資專家代爲運用

證券投資信託並不是自己直接投資股票或公債，而是委託投資專家代為決定投資目標。

3 獲得利益

當證券投資信託的資產淨值超過購買時的金額，其中的差額即為獲益。另外，根據資金運用的成效，還可獲得分紅。

利率五花八門！謹慎選擇投資商品。

期望證券投資信託帶來巨大收益，風險當然也就隨之增加。對於投資新手而言，建議選擇年利率推估為3～5%的低風險產品。

使用網路證券同樣可購買證券投資信託，且通常會有比較划算的手續費等優惠。

財務 3

預測未來開銷，進行財務管理

人生與儲蓄的關係

儲蓄 Start

存錢的時機！

20歲 — 開始工作

結婚基金

— 結婚

30歲 — 第一個孩子誕生

— 第二個孩子誕生

40歲 — 買房子

存教育費

購屋資金

支出教育費的時期

— 第一個孩子讀大學

50歲

— 第二個孩子讀大學

養老金

存錢的時機！

60歲

— 退休

— 開始領退休年金

70歲

80歲

不可錯過存錢的時機！
先下手為強做準備。

人生中總會有支出較龐大的時期。所以要趁著支出較少時先存錢，及早做好準備。

不可不知的補助金

生產相關補助金

產假中可領取各縣市的生育補助、國民年金生育給付等各項補助金額，如勞保生育給付、國民年金生育給付，各縣市也會有不同的「生育獎勵」，請把握自己的權益！

育兒補助金

與生產相關的補助與津貼種類繁多，舉凡從生產到小孩6歲為止，不同階段有不同的補助可申請，如 0-2歲寶寶可申請公辦托嬰中心，2-5歲寶寶每月可領2500元育兒津貼，請善用網路查找各種補助資訊。

住宅相關補助金

政府有許多協助單身青年及鼓勵婚育租金補貼試辦方案，可上網搜尋「內政部營建署租金補貼申請」，上面有自購住宅、修繕住宅、租金補貼等資訊，若符合資格，可省下一筆花費！

還有看護或災害等特殊情況時所領取的補助金，可向公所等公家機關確認。

第四章

整理辦公桌、文件、筆記本

辦公桌面
文件
名片
筆記本
其他
電腦

請問你會把每天使用的辦公桌整理得乾乾淨淨，讓自己集中精神處理工作嗎？如果沒有定期整理，文件、名片就會累積越來越多，同時也可能造成工作失誤。一起來學習辦公桌的整理技巧，目標成爲一位隨時都能大方展示辦公桌的美人。

在此想推薦的整理技巧，就是筆記本的活用法。筆記本不僅能當作工作上的備忘錄，還能根據個人創意，創造出無限的使用方式！

目標成爲人人稱羨的辦公桌美人

〈辦公桌—4〉

不知道東西擺在哪裡

↓

工作效率 down 辦公桌

工作與整理有著密切的關係？！

文件疊了一層又一層，桌上的東西也四處散落，這樣不僅礙手礙腳，也會分散注意力，無法集中精神工作。如果是在人多的公司裡，亂七八糟的的桌子很有可能會帶給別人「工作能力差」的印象。

工作時能集中注意力的環境

↓

工作效率 up 辦公桌

還能得到周圍的好評！

辦公桌整理乾淨，就能立即處理當下必須最先進行的工作。按照使用頻率分類物品，花點小心思來整理資料夾，一看就能曉得文件夾裡都放了哪些資料，如此一來能讓工作順利進行，也能獲得周遭的好評。

0.5秒就要拿到桌上的物品

幾乎「每天都用得到的東西」是……？

這些都是常用的物品！

- 便利貼
- 迴紋針
- 原子筆
- 正在進行的檔案文件夾
- 桌曆
- 紙膠帶

花時間找東西就是不必要的浪費！

這個該丟掉？還是先留著？

文具

依照使用頻率，分為主要文具與次要文具。把不常使用的次要文具放在抽屜中保管，過了一個月後還是沒有用到的話，那麼就算處理掉也沒問題！

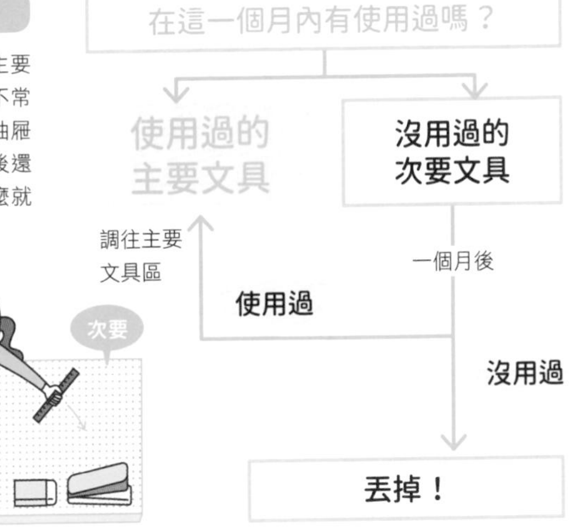

文件

一整年下來一次都沒翻過的資料或文件，之後再拿出來看的可能性也是微乎其微。這些文件與資料都可以先數位化再丟掉，隨時都能複印的文件也都一併扔掉。

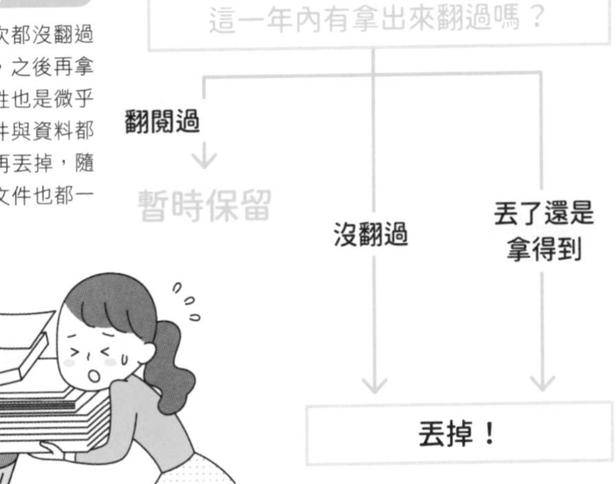

東西拿在手上考慮是否要扔掉，思考超過五秒的東西都應該扔了！

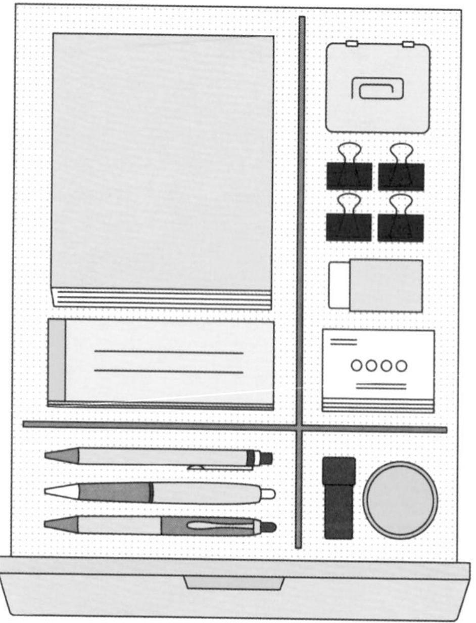

從抽屜的內部看出你的品味！

由前往後，依重要程度擺放

最基本的整理，就是把常用的物品收納在方便拿的地方。「最上層」、「最前面」的位置，都是用來收納使用頻率高的物品。

ADVICE

把資料夾的書背朝下，也是一個好辦法！

最下層的抽屜適合收納文件夾。建議可以將每天要用的文件夾以書背朝下的方式放進抽屜，如此就能馬上看出文件夾的內容。

第一層……

常用的文具

因為最方便拿取物品，所以即使不是每天使用，但也算常用的夾子、螢光筆等小物，就很適合收在這一層抽屜內。這層抽屜如果有裝鎖的話，建議放置印鑑等重要物品。

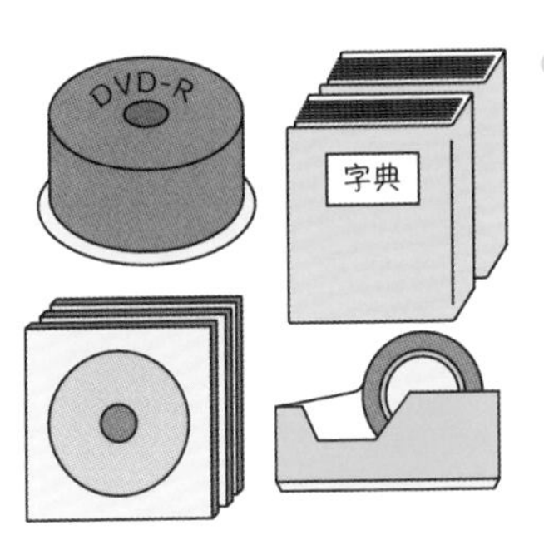

第二層……

DVD 或是體積較大的物品

這層抽屜的深度通常比較深。像是字典、DVD 桶、CD 桶等高度較高或是厚度較厚的物品，就很適合放在這一層。透明膠帶台若不放在桌上，也可以收在這層抽屜裡。

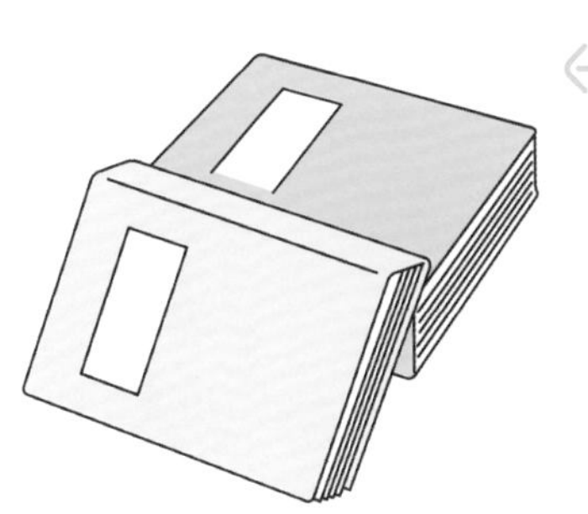

第三層……

非進行中的文件夾

這一層抽屜的深度最深，適合用來排列文件收納盒，進行文件管理。收納時記得將常用的文件靠前，數位相機等機器則是靠後。

POINT 紙膠帶也能當作標籤貼紙！

文件夾基本上都是按照方便查看標籤的方式來擺放。如果不想要直接寫在書背的話，則可先寫在紙膠帶上再貼在書背，如此就能輕鬆更換標籤。

謹記抽屜只能「放滿七成」，免得把抽屜塞滿滿。

辦公桌 4

花點小巧思，辦公桌也能是綠洲！

1 使用收納袋管理體積小而零散的物品

卡片、貼紙、迴紋針、便利貼等等的小東西，通通都放進透明收納袋。除了方便查看內容物，也能防止物品散落四處。

2 使用長尾夾固定線材

如果將線材類通通塞進抽屜，要用的時候就不容易找。可將長尾夾固定在桌子邊緣，再把線材穿過長尾夾，並且貼上標籤貼紙，標註線材的用途。

3 規劃點心零食區

把口香糖、糖果餅乾把這些方便用手拿的點心收在小箱子裡。如果有珍藏的點心，也許能振奮精神，更努力工作。

4 桌子底下也能收納

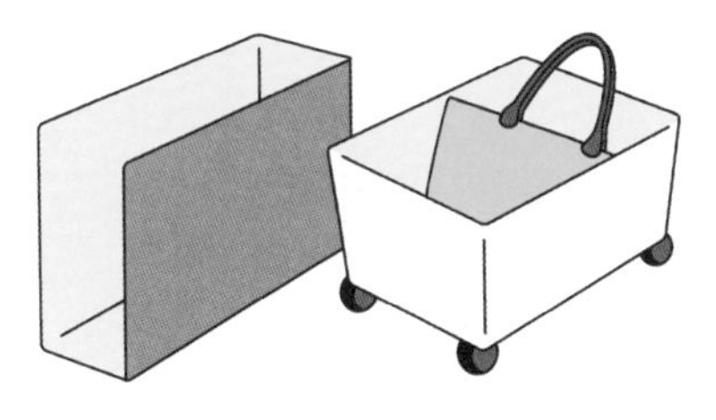

桌底下最理想的狀態是不擺放任何物品，但還是可以放個有輪子的平台或是小架子，用來放包包或是暫時存放的文件夾。

5 使用電腦螢幕架

可增加桌面的作業空間。將螢幕架高，並將鍵盤收納在螢幕架的下方，就能有效率地進行工作。而且提高螢幕的高度，也具有改善坐姿的效果。

\ 祕訣 /

6 把提振精神的小物放在隨時可見的地方

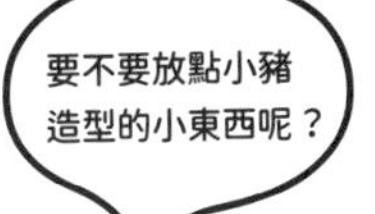

把一些看著就能提振精神的小物放在身邊，像是香氛精油、可愛的小擺飾、不易枯萎的綠色植物等等，讓自己以愉快的心情來工作！

要有乾淨整齊的辦公桌，就要訂下整理的規則！

只要遵守這些小小的規則，就能打造出「令人有好心情的辦公桌」。

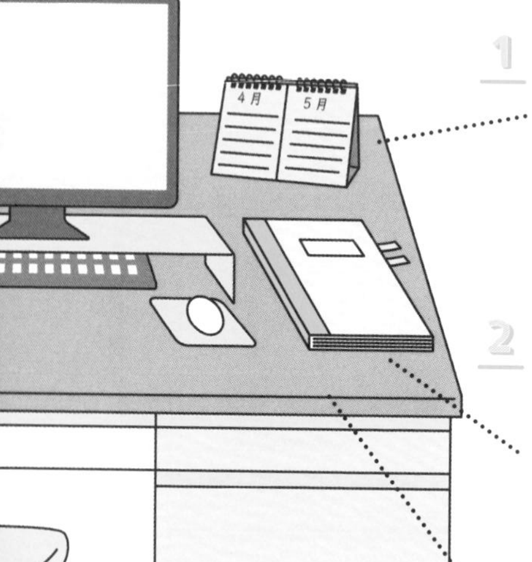

1 把整理桌面也當成「工作」

規定整理桌面的時間，例如：「每週一次」或「每月一次」。

2 限制使用空間，例如「一次拿一本資料夾」

一本資料夾控制在單一使用目的，像是「正在進行的工作」、「會議記錄」等等，不要讓桌面雜亂沒空間。

3 工作開始與結束都維持在整齊的狀態

把下班前五分鐘整理桌面當成是例行公事，這樣上班時就能愉快地開始工作。

ADVICE

考量動線後再分配位置

先回想自己（假設是右撇子）講電話時的情況，像是左手拿話筒、右手負責記錄等等，然後再來分配桌面位置，這樣也是個不錯的方法。

5 工作卡關時，就來整理桌面

為了工作而傷透腦筋時就稍微整理桌面，轉換一下心情，也許就能浮現出好點子！

4 以直立排列爲收納基礎，東西不平放

直立擺放比平放更節省空間，也方便取出要用的文件。

6 隨時以「打造讓咖啡喝起來更美味的桌面」爲目標

工作告一段落時，喝杯咖啡來喘口氣。隨時都要留意是否有這樣的空間！桌上亂成一團的話，也無法讓心情煥然一新。

每次都把飲料往桌上隨手亂放，就是造成問題的根本所在！所以，要決定好一個固定擺放飲料的位置。

回家前先整理好文件！這樣也能防止資料外洩。

在辦公室用得到！
便利小物一覽

可以用來區隔抽屜內部，也可以用在桌面的收納等等。
爲你介紹在百元商店就買得到的便利小物！

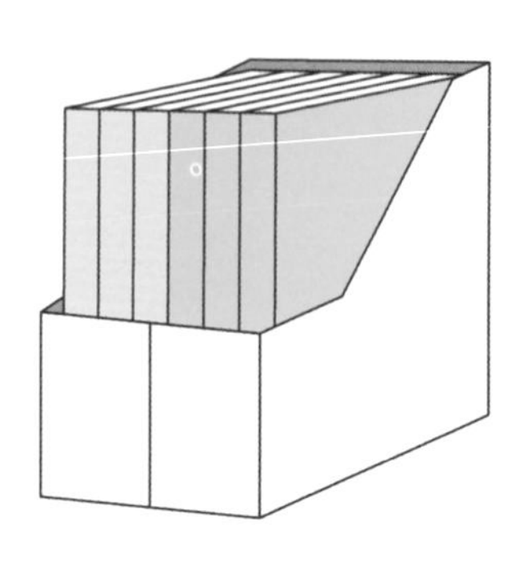

雜誌架

像是歸檔後的文件、目錄、書本等等，可以利用雜誌架來整理，這樣就不容易東倒西歪。使用統一的木紋色或是簡單色調，則能營造出清爽俐落的印象。

文件收納架

為了避免「我搞丟重要的文件！」、「我忘記把資料交出去了！」這樣的事情發生，所以要把重要的文件暫時放入收納架，這樣就會方便許多。也別忘了定期檢查收在裡面的文件！

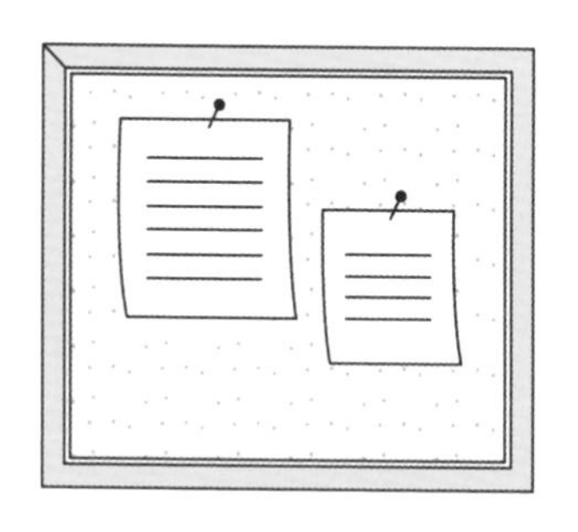

小片軟木板

如果想把寫下備忘事項的便利貼或是照片貼起來的話，就可以用小片軟木板來固定，還能當成桌上的裝飾品。把軟木板弄得漂亮些，就是展示型的收納空間。

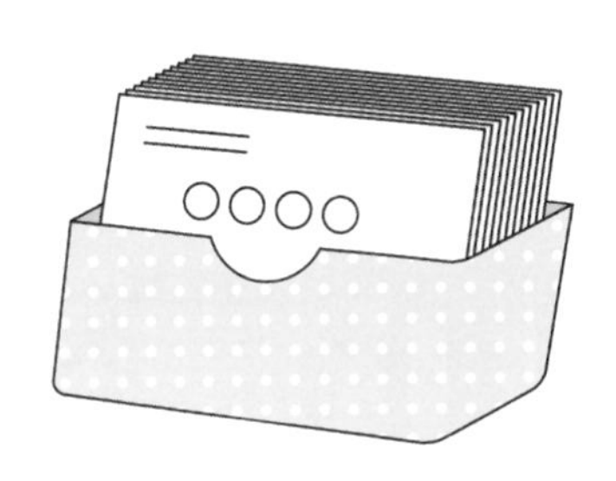

名片座

把重要的便條紙、名片、卡片等等的小紙張插在名片座，就可以避免遺失。選擇樣式可愛的名片座，還能展現時尚的印象！

紙膠帶

紙膠帶的設計非常豐富，至少準備一捲素面紙膠帶與一捲有圖案的紙膠帶，才能靈活運用在各式各樣的文件中。

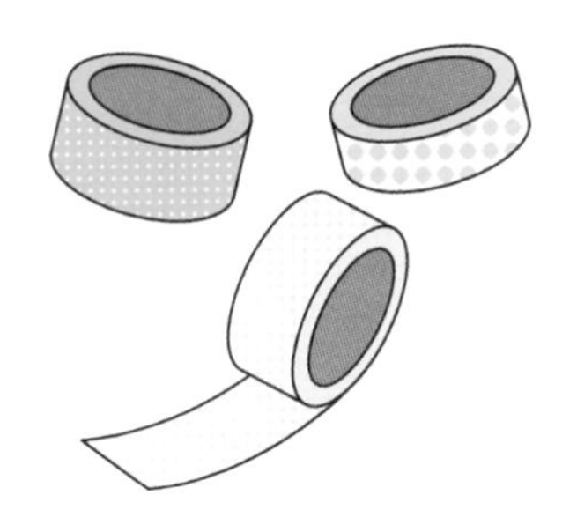

可插筆的多功能手機座

可將各種必要的工具整理在一起，因此能提升作業的效率。手機座的外觀也要漂亮有質感！

可重疊的玻璃瓶

簡單的調味料玻璃罐或是其他小罐子，都非常適合用來裝迴紋針、圖釘等小東西。能疊在一起收納的話，還能省空間。

準備一個迷你垃圾桶或是攜帶式除塵紙，保持桌面的清潔。

書類 4

文件夾的收納王道是直立並排！

製作標籤的祕訣

❶ 簡單明瞭的名稱

寫下的標籤名稱不僅自己要看得懂，也要讓其他人一看就明白。

❷ 保管期限

寫下文件保管期間，例如一年、三年等等。

❸ 何時處理

寫下處理掉文件的時間，例如：一年後、五年後、十年後。

POINT

用大張的便利貼幫透明資料夾命名

先在便利貼或紙膠帶寫下裡面裝了哪些文件，然後再貼在透明資料夾的書背上，這麼一來就方便多了。等到工作完成後，再撕下便條紙或紙膠帶。

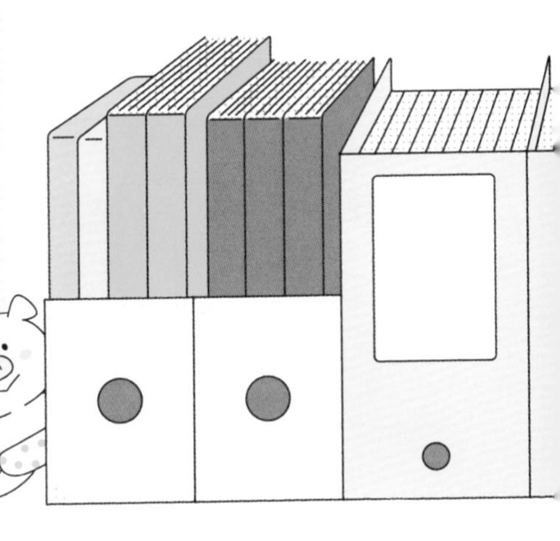

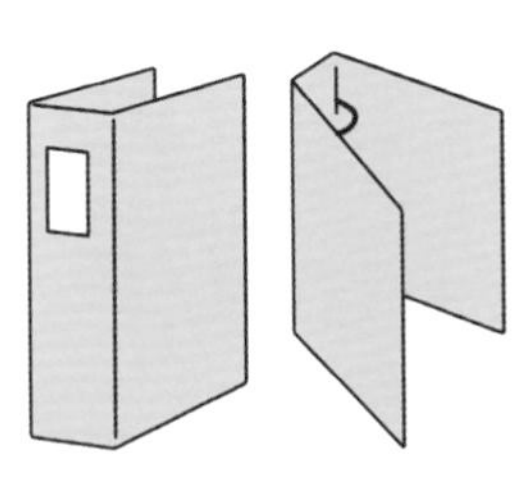

圓孔活頁資料夾

優點
文件不易遺失，且方便翻閱，也不容易搞混順序。

缺點
每次都得把文件打洞，或準備活頁資料袋。

透明資料簿

優點
不必打洞，只需將文件裝入透明袋中即可。

缺點
受透明袋數量的限制，只能收納固定數量的文件。

彈力夾式資料夾

優點
按壓彈力夾，讓彈力夾往斜上方彈起，即可取出文件。

缺點
文件數量過多時就容易夾不住而掉落。

使用同一間製造商生產的系列文件夾，整理起來更輕鬆！

名片要整齊，就要照步來

❶ 拿到名片後要馬上收好

POINT

把名片塞進名片盒之後就不管，這樣是錯誤的做法 ×

拿到名片之後就塞進名片盒裡的話，就不知道這一張名片是誰給的。

❷ 登記資訊

見面時間

見面地點

寫下為何見面的原因，例如：因為某某案子。

2019.2.9
○○辦公室　△△案
○○公司　營業部

山　田　太　郎

東京都千代田區 1-1-1
Tel：03-○○○○-○○○○
Fax：03-○○○○-○○○○
Mail：yamada@○○○○.com

把名片收進名片資料夾之前，要先記錄下對方的資訊。除了寫下時間、地點、緣由，也建議一併寫下對方的特徵等。

❸ 分類

例

分門別類

依公司名稱、日期等等，選擇方便自己管理的分類。

優先順序

若需頻繁聯絡對方，或者對方是很重要的人，就要將他的名片放在容易拿到的地方。

❹ 保管

名片分類好以後，就要選擇保管的工具。請依照尺寸或是容量等等，使用適合自己的工具來歸納名片。

名片資料夾

方便一覽名片，且可依照重要程度區分。缺點是不方便依序排列。

名片收納盒

盒子中有索引標籤，可用來區分名片。方便臨時收納名片，但無法一覽各張名片。

❺ 定期察看

名片只會越來越多，所以才要檢查哪些名片該丟掉，或重新整理一下分類。

依照一月一次、一年一次、季節等等，選擇適合自己的名片整理時間。

ADVICE

同時運用電子式名片管理

有些名片管理應用程式可以利用平板電腦或智慧型手機拍下名片，儲存成資料以利檢索。不僅可以將大量的名片資料帶著走，還能省下找名片的時間，也能與公司同仁共享名片。

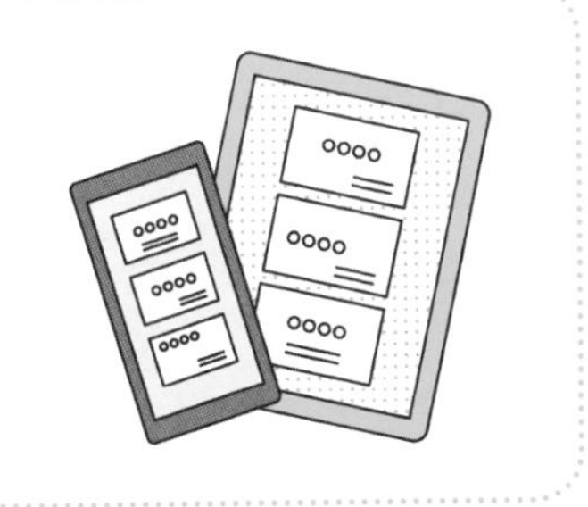

若是需要經常聯絡的人，也可以同時使用攜帶式資料夾，將對方的名片帶在身上！

〈書類 4〉丟掉文件也是工作內容！

以下都是可以丟掉的文件！

- ○ 不要的廣告信件、先前的留言紙條
- ○ 已過公司內部規定保管期限的文件
- ○ 已拍板定案的文件備忘錄或草稿
- ○ 不掀開外蓋或封面就想不起來內容物爲何的文件
- ○ 前一任職務者留下但用不到的文件
- ○ 不知在哪碰過面，也想不起對方長相，對於名片主人沒印象的名片
- ○ 已經完成的工作文件

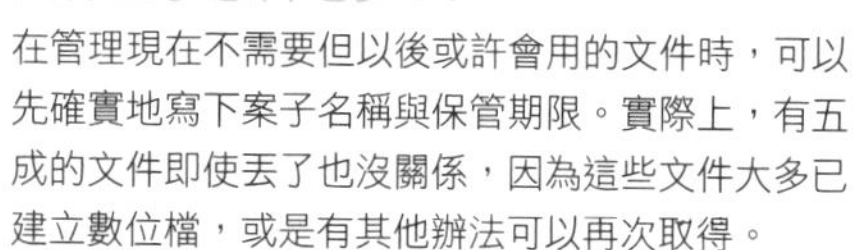

ADVICE

丟掉而造成困擾的文件出乎意料地少？！

在管理現在不需要但以後或許會用的文件時，可以先確實地寫下案子名稱與保管期限。實際上，有五成的文件即使丟了也沒關係，因為這些文件大多已建立數位檔，或是有其他辦法可以再次取得。

就是這麼簡單！文件管理的固定流程

在取得文件的當下
就決定是否留下

不知該不該丟掉的話，
那就暫時留下，
一個月後再判斷！

可轉成 PDF 的文件就建成 PDF 檔

若要留下紙本資料，也要寫下建檔
日期、何時處理的日期

寫下保管期間，
要丟的時候更方便！

處理掉不必要的文件，或是移到
保存用的資料夾中

POINT

決定保管期限的祕訣

會計事務的資料、合約等資料都具有法定的保管期限。公司內部的共享資料則依照公司的規定來保管。自己管理的文件大約是以兩年為基準，一整年都不曾閱覽的資料就算處理掉應該也沒問題。一起努力減少紙本吧。

比起收在文件夾，不如把「暫時」保留的文件放入信封，要丟的時候更方便！

筆記本 4

因爲是成熟女子，所以要活用筆記本

製作獨一無二的筆記本

寫筆記本的最大目的，是為了不要忘記當時候的事情。另外，筆記本最適合用來整理腦袋裡的資訊，透過書寫也能夠判斷出必要及不必要的資訊。可按個人的使用習慣，將所有的資訊都整理在同一本筆記本裡，或依主題使用不同的筆記本。

使用一本

可以集中寫下自己想要保留的資料。資料雖不易分散，卻也不好分類檢索。建議可以在寫完一本之後，替筆記本製作索引。

使用兩本

一本是用來記錄資訊或想法的本子，一本是用來整理、歸納的本子。隨身帶著記錄用筆記本，並且撥時間定期將記錄用筆記本的內容整理至另一本筆記本。

使用三本

按照工作、生活或興趣喜好等主題，使用不同的筆記本來記錄。回顧的時候會比較方便找到資訊。

用筆記本記錄以下的事情

1. 從別人那裡聽到的事
2. 自己的點子
3. 思考後的總結
4. 工作的順序或方法
5. 工作相關人士的私人資料

POINT

標記出日期、地點！

在筆記本上方寫下標題、日期，便能輕易地回想起這是何時、何地寫下的記錄。

決定筆記本的主題

例

- 工作上或是私底下可能會去的店家
- 客戶或同事的資料
- 工作方法的記錄
- 旅行的記錄
- 電影、演唱會等等的觀看記錄
- 夢想或目標
- 鼓舞人心的格言
- 待辦清單

沒有任何規則！ 依照自己的生活方式，寫下一件件想記錄的事。

在挑筆記本時要講究封面的設計，這樣才會對它愛不釋手喔！

用來回顧是使用筆記本最重要的事

秘訣

1 以分頁線作出大致的區隔

此方式是以之後補上內容為前提，只先使用右頁，左頁則是用來寫下反省的事項，或是之後回顧內容的感想。

秘訣

2 右邊留下空白

此方式是事先在筆記頁的右側1/4處畫上一條線，待之後補上附加資訊。用來回顧是使用筆記本最重要的事！

ADVICE

貼紙或文具也要講究

不能只是條列出文字，還要貼上喜歡的貼紙，或使用色彩繽紛的原子筆、螢光筆，以及印章等小物，之後回顧筆記本的時候，看到這些記號也會覺得有趣。

讓書寫更開心！活用筆記本的好點子

剪貼雜誌

剪貼雜誌內頁中或許有有用的資訊或照片，或是把網路上的資訊列印下來再貼在筆記本中，就能更便利地收集資訊，也許還能從中獲得新點子！

加上有自我風格的插圖與記號，變得更可愛！

開心的時候就畫愛心，難過的時候就畫眼淚，建議在書寫時可以使用自我風格的插圖或記號來區分。

做成時間序列、圓餅圖、雙六棋

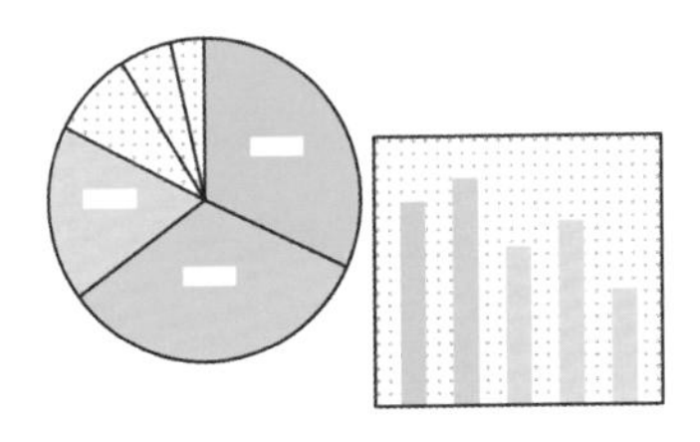

以編號、箭頭標記時間序列，或是將時間序列圖表化，就能方便找尋資料，也方便之後重複翻閱。

POINT

這樣的筆記本，NG！

- ✖ 塞太多資訊內容
- ✖ 找不到資訊寫在哪裡
- ✖ 髒兮兮的筆跡，讓人看不下去

派得上用場！便利貼筆記術

便利貼筆記本的好處多多！

重要的事情一目了然！

不要忘了待辦清單，
完成清單上的事項！

要追加或修改都很輕鬆！

如有需要交代的事情，直接把
便利貼給對方就好！

這些事情要做成筆記

- 會議或討論時的備忘錄
- 絕對不能忘記的事情
- 待辦清單
- 發現的事情或想到的點子

memo
準備去年企劃的資料。
影印份數依照人數而定。

要在賣場的液晶顯示器加上文字符號嗎？

ADVICE 準備各式各樣的便利貼，用起來更得心應手！

以顏色區分

上司交代的事情就用粉紅色便利貼，討論的備忘錄就使用黃色，像這樣按照記錄地點或場合，使用不同顏色來區分。

以大小區分

準備好大張與小張的便利貼，就能顯示出緊急或想強調的事情。

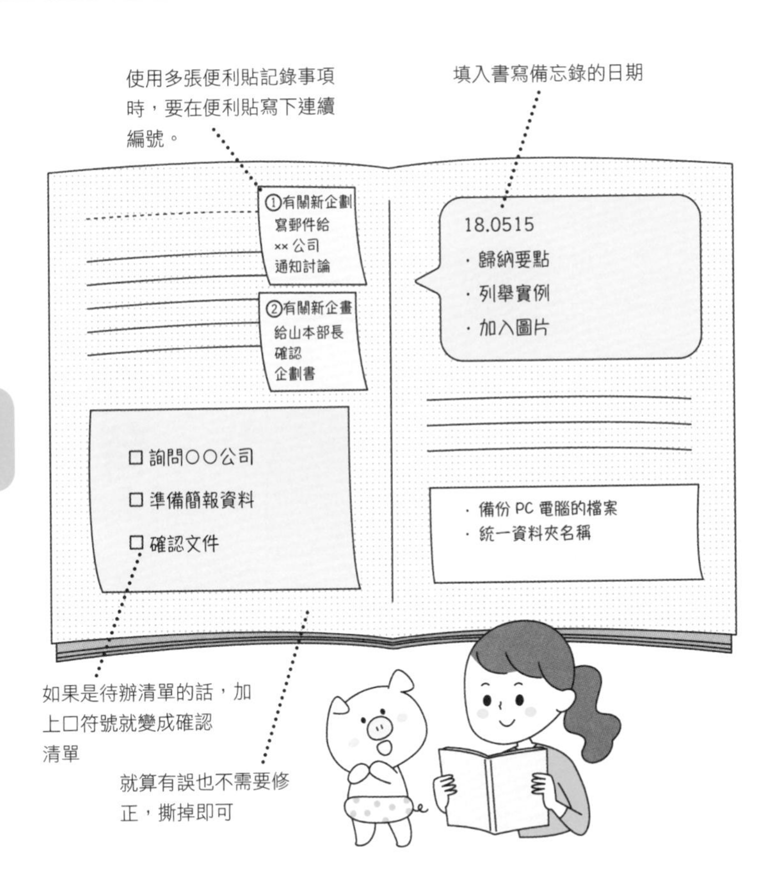

使用這種便利貼，心情也愉悅！

現今的便利貼造型五花八門，有愛心形狀、動物形狀等等。想把便利貼當成留言紙條使用時，只要事先準備一些可愛的圖樣，就能迅速地撕下來交給對方。

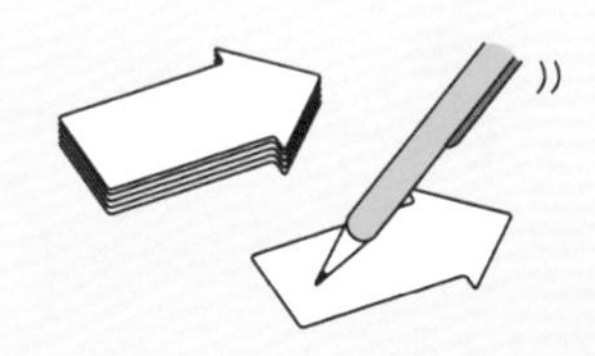

使用便利貼來寫 ToDo 清單的話，當事情都完成時，就能感受到撕下清單的成就感喔。

備忘錄 4

Memo要有5W2H的意識

只是寫成備忘錄，那可不行！
→ 要整理在筆記本內

只將片段資訊或是想到的點子寫成備忘錄，內容會不夠詳細。過了一段時間再來看，可能就不知道自己在寫什麼。因此重要的事項一定要統整在筆記本裡。

寫備忘時要加上 5W2H！

When 何時

Where 何地

Who 何人

What 內容爲何

How 有何需要

Why 原因

How much 多少

聰明能幹的女性
擅長寫備忘錄！

(ToDo 備忘)

3月5日9：30

□預約會議室

□與B公司約見面的時間

□17日以前做好企劃書

(討論備忘)

3月5日14:00

・與A公司的山本先生討論

・關於明年度的宣傳企劃

・預算100萬日圓

・討論日

3月13日10:00／在A公司

POINT

活用電子產品，養成書寫備忘錄的習慣

現在也有使用平板電腦與專用觸控筆手寫的備忘錄應用程式。建議各位可以將注意到的事情暫時記錄在智慧型手機。最重要的就是養成書寫備忘錄的習慣！

ADVICE

備忘錄專用應用程式！

使用可輕鬆記錄、整理以及共享內容的應用程式「EVERNOTE」，即使外出也能方便寫備忘錄。還能以錄音或圖像的方式留下備忘錄，達到無紙化。

即使是覺得沒必要記下的事情，說不定也會有意外的新發現。當個備忘錄狂人也不算太超過。

多點小巧思，傳話更貼心

使用對話框或插圖，加強可愛的效果！

只是文字的話，很容易給人冷冰冰的印象。畫上可愛的插圖，再加上漫畫的對話框，做成在講話一樣的備忘紙條，不僅替自己的印象加分，與對方的對話也會變得順利。

附上小點心

給對方便條紙的時候，順便不經意地附帶個小東西，例如：各別包裝的糖果或茶包等等。相信每個人都喜歡收到預期之外的贈品。

使用有衝擊效果的便條紙

有偉人的插圖或照片的便利貼、讓人不禁噴笑的搞笑便利貼……，這些都容易讓對方留下印象，對忙碌的人而言或許特別有效。

貼的時候捲一下，看起來更醒目

要歸還借來的物品、贈送對方禮物等情況時，可藉由便利貼表達感謝心意，捲一下再貼。想要低調且不經意地表達心意時就可以這麼做。

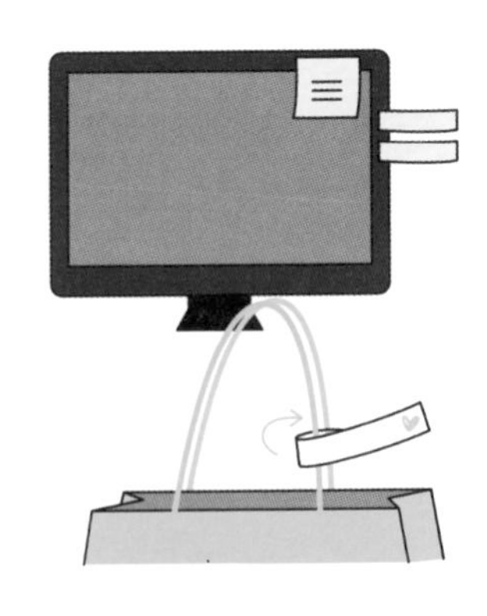

做成立體的便條紙

把對折後的紙張豎立起來的話，就會變成醒目的立體便條紙。也可以畫張臉，讓紙條看起來像是人或動物。在滿滿都是便條紙的桌上，這絕對會是最醒目的一張！

POINT

收集備忘錄、便利貼、一筆箋，放入資料夾中整理好！

準備好一套的便條紙、便利貼、一筆箋、郵票、信封袋……，不論是工作時要留言給公司內的人，或是要送禮給公司外的人，這些時候都能派上用場。準備了一些具有季節感的樣式，或是年紀大的人比較喜歡的類型，也能比較放心。把這些紙類都收進資料夾裡，然後收在辦公桌，要用的時候就能順利取用。

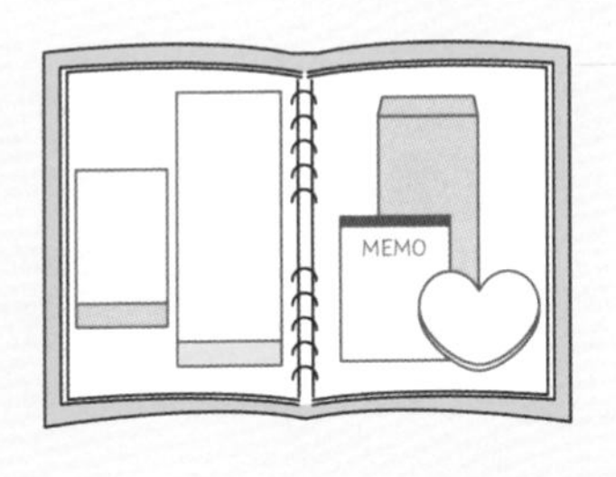

到郵局寄包裹或信件時，貼上特殊的郵票或是漂亮的紀念郵票，讓收件人也能有好心情！

整理電腦就靠這些規則！

讓電腦清爽乾淨的5密技！

① 首先要讓桌面上的圖示維持一列

桌面上太多檔案的話，不僅不容易找出目標檔案，檔案開啟的時間也會變慢。要把桌面上的檔案整理成一列，並且刪除不要的檔案。

② 新增暫時用的資料夾

正在工作中的資料夾，例如：「暫時保留」、「作業中」等等，這樣整理起來會比較方便。

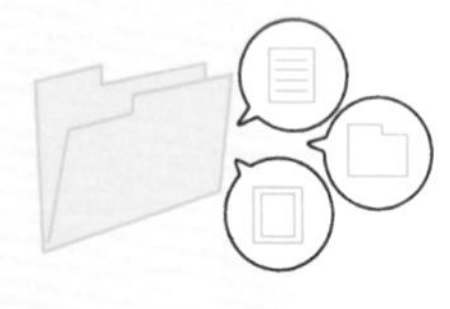

③ 定期備份檔案

先將檔案移到外接式硬碟（HHD）或是燒成DVD，避免預料不到的故障、操作失誤、中毒等等。

④ 資料夾要按照時間序列歸納

定期將檔案依照年月歸檔，要找資料的時候會更方便。

⑤ 不要新增太多層的子資料夾

資料夾內又新增資料夾的話，就得打開好幾層才找得到資料。新增的子資料夾最多三層就好。

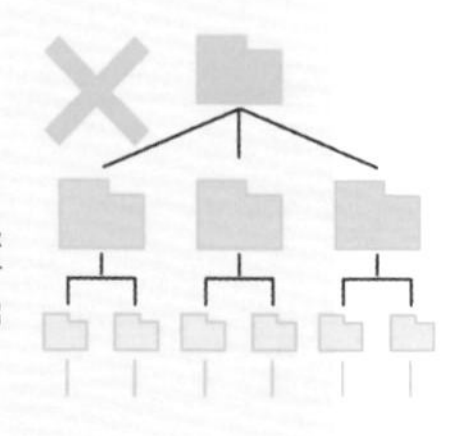

靠這兩個好點子，工作收放更自如！

若要提升工作效率，檔案就需整理整齊。可以花點心思在資料夾的命名上。另外還可以新增一個資料夾，收集一些自己看了會打起精神的文章、喜歡的圖片，藉此轉換工作的心情！

資料夾的命名要讓人一看就懂

「○○　商報價 _201802」

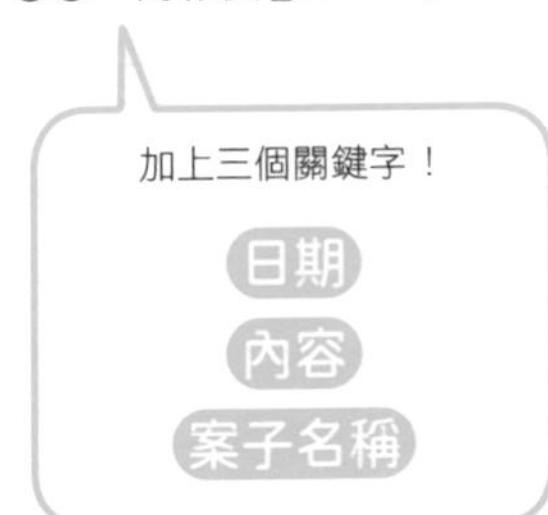

只是把桌面整理乾淨，想不到竟能讓心情如此暢快。

祕訣 1 以樹狀圖的概念新增資料夾

依照工作內容的大分類、中分類、小分類，新增出樹狀構造的資料夾。將文件分類歸檔時，就能減少猶豫不決的時間。

祕訣 2 刪除下載至桌面上的檔案

如果把圖片等大型檔案下載在桌面之後就放著不管的話，電腦的桌面就會變得亂糟糟。不要用的檔案請立即刪除。

3 完成一件工作後就整理電腦

電腦裡面的資料會因每天的作業關係而越積越多。所以要決定多久整理一次電腦的檔案，例如：每月一次。工作完成後也可以整理一下桌面，將整理檔案當成是例行公事。

使用快捷鍵，效率快一倍

少做一些動作，不僅可提升工作效率，速度也會變快。

操作	Win	Mac
全選	Ctrl + A	Cmd + A
複製	Ctrl + C	Cmd + C
剪下	Ctrl + X	Cmd + X
貼上	Ctrl + V	Cmd + V
儲存	Ctrl + S	Cmd + S
列印	Ctrl + P	Cmd + P
切換視窗	Alt + Tab	Cmd + Tab
關閉當前視窗	Alt + F4	Cmd + Q
螢幕截圖	PrintScreen	Shift + Cmd+3

記住鍵盤最上排的功能鍵（F1～F12），一樣會有所幫助！

能早早下班的人都擅長管理郵件！

〈電腦 4〉

基本的管理分爲2種類型

1 手動歸類收件匣裡的郵件

此方式親自確認收到的郵件，並且一封一封歸類至各資料夾裡。把收件匣清乾淨，就能防止遺漏信件。

2 設定自動歸類

事先新增「工作」、「電子報」等資料夾，設定自動將郵件歸類。對於一天要收上百封郵件的人而言，這是個相當方便的功能。

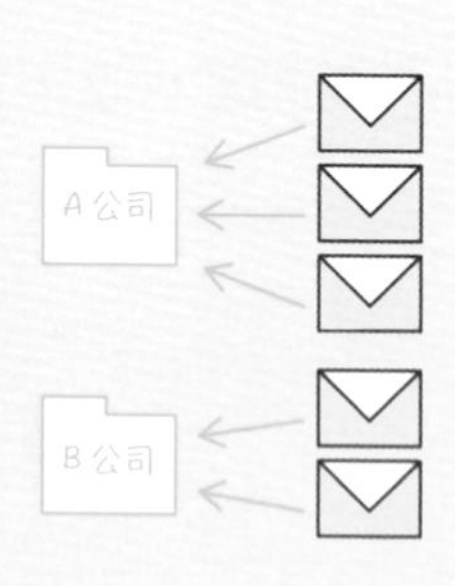

ADVICE

注意別讓你的信箱變成這樣！

- ✕ 花時間在找郵件地址
- ✕ 信箱容量爆滿
- ✕ 大量的垃圾郵件

快速俐落寫好郵件的 3 祕訣

\ 祕訣 / ① 把問候語或是常用詞句儲存成詞彙

把「時常承蒙您的關照」、「有勞您了」等等的固定問候語，儲存成常用詞彙，這樣就能節省打字時間，把時間用來輸入真正要告知對方的事情。

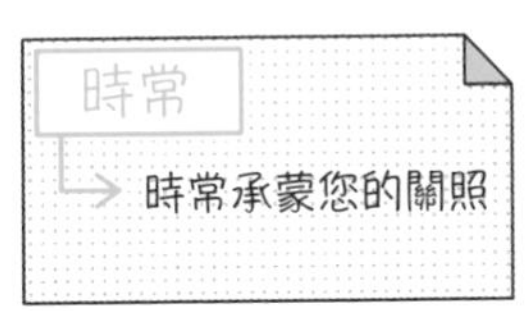

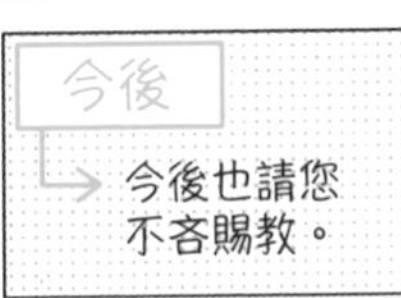

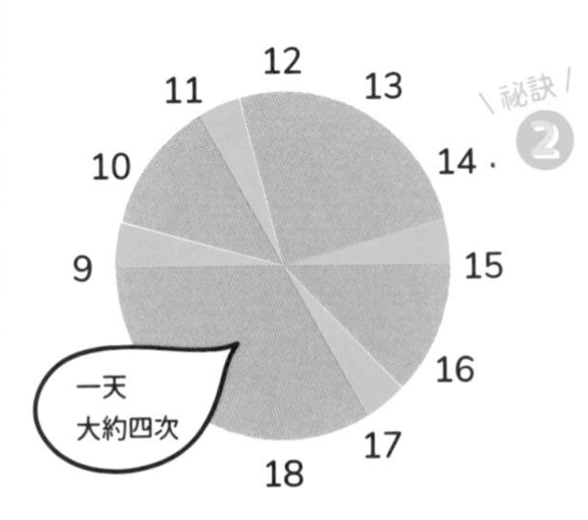

\ 祕訣 / ② 確實設定好檢查信箱的時間

一天開好幾次信箱收信的話，每次都會打斷自己的工作。決定出幾個適合自己的時間點開啟信箱，例如：早上、下午、下班前。自己的工作時間要自己掌握好。

\ 祕訣 / ③ 外出時也要可以檢查信箱

離開公司以後或是假日想要開信箱收信的話，也可以使用信箱的轉寄功能，設定自動將郵件轉寄至家裡的電腦或智慧型手機。但請先向公司確認是否可轉寄再設定，以避免資料外洩。

在二十四小時以內回信是社會人士該有的禮貌。

第五章

整理居家環境

衣櫥
廚房
客廳
雜誌、書本
化妝品
其他

雖然辦公室的桌子整理得乾乾淨淨，但如果下班回家後看到屋子裡亂成一團，東西四處散落，那就破壞了原本的好心情！你應該也希望把房子打造成下班後能夠好好歇息的空間吧？若要達成這個目標，最重要的就是把東西收納整齊，整理出一間方便打掃的房子。本章節就要分別介紹寢室等各個空間的整理重點，請試著從你喜歡的房間開始來整理。

讓人想回家的房子長這樣！

屋子裡的東西四處散落的話
↓
讓人無法靜下心

身心皆無法獲得休息！

下班回家時看到房間亂成一團，煩躁感就會瞬間湧上。屋子裡的東西太多的話，不僅沒辦法讓身體休息，想打掃時也不知道該從哪裡下手才好，結果只能繼續讓東西隨便亂丟。不知不覺間累積越來越多的壓力，心情也無法平靜。

屋子裡乾淨又整齊的話

↓

心情也愉悅

讓心情放鬆喘口氣

將房間維持在乾淨整潔的狀態，會是讓你回家後擁有好心情的最佳辦法！ 每天只需要花五分鐘左右的時間打掃或整理房間，就能有更多時間去做自己喜歡的事情，而且心情也能平靜下來，讓疲倦感慢慢地消失。

打造出乾淨房間的 6 個重點

只要打造出一個動作即可完成打掃作業的環境，
「整理」再也不是件難事！

1 儘量減少家具

家具擺得越多，房間的空間就越狹窄。既然房間不大，家具的擺設就要花點小心思，例如：捨棄沙發改用懶人靠墊！小祕訣之一就是儘量選擇較矮的家具。

2 挑選方便清理的材質

家具或是地毯選擇可容易擦拭掉髒汙的材質。有小溝槽的家具容易堆積汙垢，在挑選時要盡量避免。

3 決定好每一樣物品的固定位置

擬訂物品的歸位計畫，只要將物品放回同一處，整理的工作就算大功告成。決定好每一樣物品的位置之後，就能避免遺失或散亂。

打掃用具要放在方便使用的位置

準備多組打掃用具，分別放置在廚房、廁所、客廳等等，這樣一旦發現髒汙，就能夠立刻清掃。

決定好裝飾品的擺放位置

雜物、照片、植物盆栽等等，要裝飾在不干擾行走動線的地方。另外，從坐在座位就能看到的地方，也是個不錯的擺飾位置。

別把東西扔在地上不管

你回家之後也會把包包、購物袋丟在地上嗎？只要養成不把東西往地上放的習慣，就可以讓房間變得更寬敞。

時常邀請親友來家裡作客！

在意別人怎麼看待，就會更容易萌生讓房間變得乾淨的想法。所以積極地找人來家裡坐坐吧。

第5章 整理居家室內

如果房間不大的話，建議選擇輕巧的手持式吸塵器！

〈居家室內｜5〉

小衣櫥也能有大空間！

使用尺寸不合的衣櫥的話
↓
空間使用就會變少

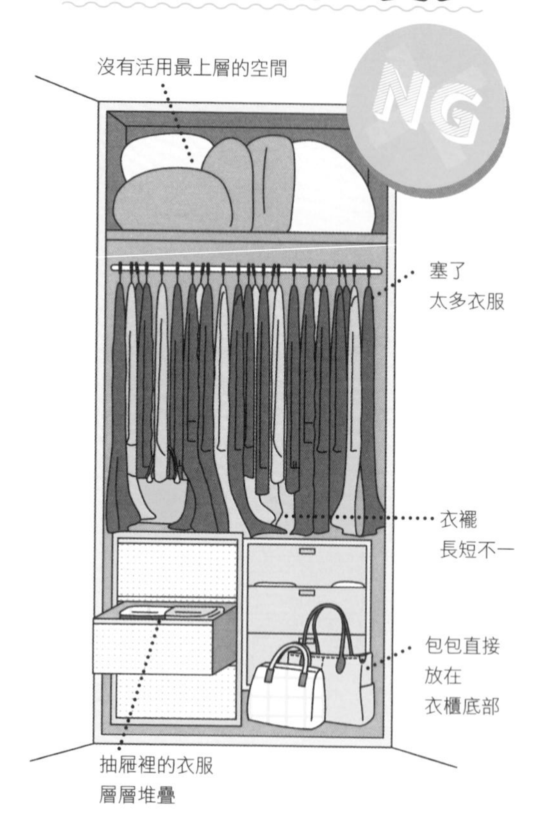

不管三七二十一，通通塞進去就對了——這樣做絕對 NG！

因為衣櫃空間小而煩惱收納空間的人，請試著重新審視你的收納方式。衣櫃的最上層空間是否一直放著用不到的東西？掛起來的衣服長度長短不一，大大減少了衣櫃的使用空間？是否習慣把東西都往衣櫃裡頭塞？

使用尺寸剛好的衣櫥的話

空間綽綽有餘

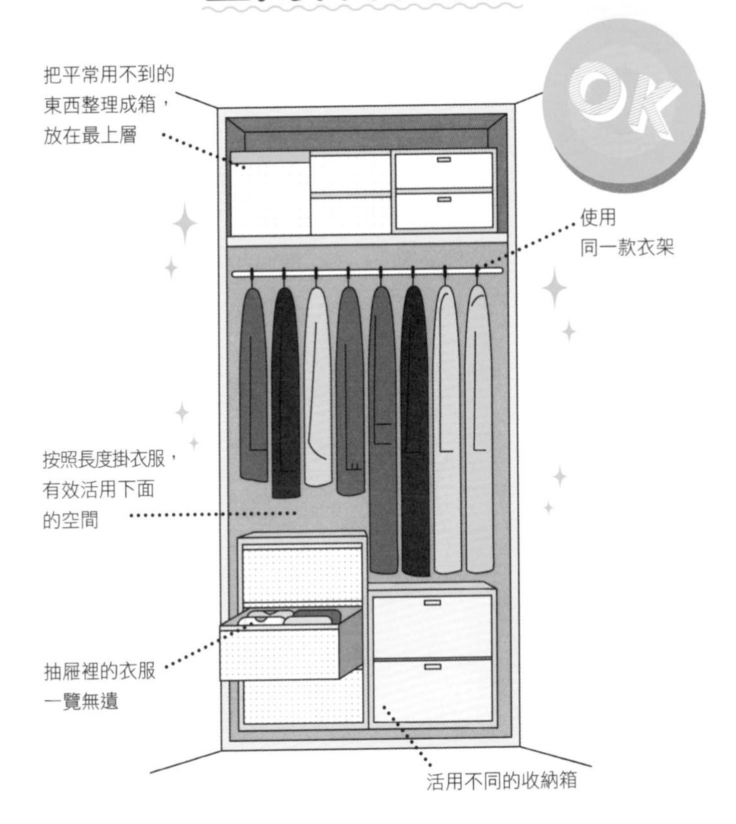

GOOD ITEM!

利用衣櫃收納掛袋，清爽又俐落！

按照長度來掛衣服的話，就能夠在長度較短的衣服下方騰出一個收納的空間。另外，不直接把包包或帽子等放在衣櫃底部，而是使用吊掛式的衣櫃收納小物來收納，看起來也會比較清爽。

先用衣架掛起體積蓬鬆的羽絨衣或外套再壓縮，體積就會減少一大半！

讓你不塞爆衣櫃的
衣物整理心得

丟掉時

- ☐ 丟掉超過一年沒穿的衣服
- ☐ 丟掉尺寸不合的衣服
- ☐ 丟掉穿起來不適合的衣服
- ☐ 丟掉起毛球或是脫線的衣服

添購時

- ☐ 選擇百搭的衣服
- ☐ 選擇基本的設計
- ☐ 決定每一類衣物的件數上限

ADVICE

找個地方暫時擱置脫下的衣服！

如果覺得整理脫下來的衣服好麻煩，不妨在衣櫃裡放個籃子，當成是臨時的衣服擱置處。只要一個小動作，就不會再把脫下的衣服丟著不管。

不同類型的衣物折法＆收納法

洋裝

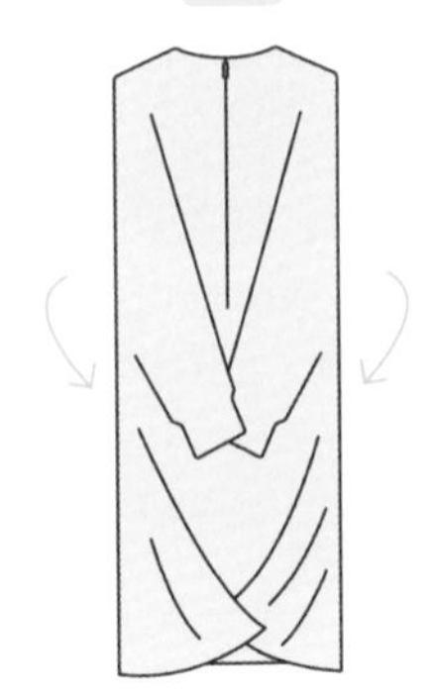

將袖子、裙襬部分往中間折，再沿著縫線折好，記得不用折得太小件。

襯衫

扣子隔一扣一，再將襯衫正面往下放，按照收納抽屜的寬度，把袖子往中間折。

稍微折起下擺，按照抽屜的深度將襯衫對折或折成三折。

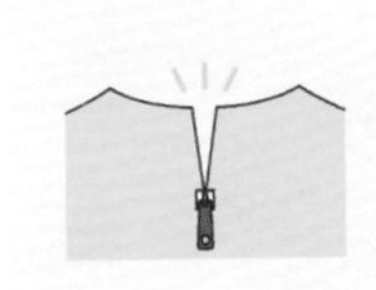

扣上扣子或拉起拉鍊都容易造成衣服的皺紋，務必在折衣服之前解開扣子或拉鍊。

細肩帶背心

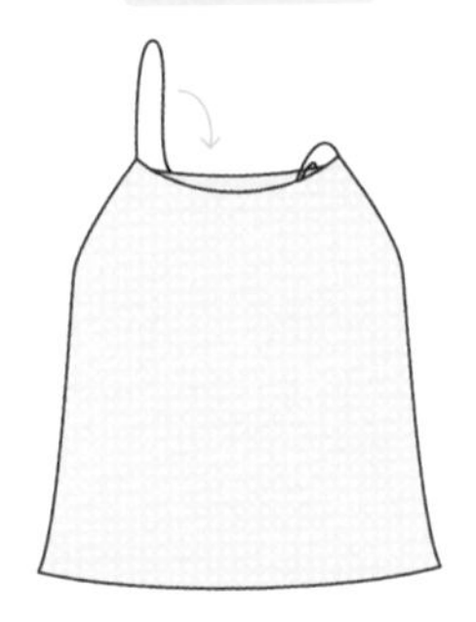

先將肩帶往內折，形成四角形之後，再按照收納箱的寬度或深度折好。

針織衫＆針織外套

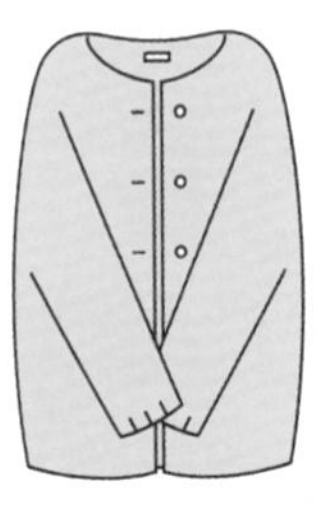

解開扣子，讓正面的衣服不重疊。將袖子往中間折，然後對折或折成三折。

絲襪

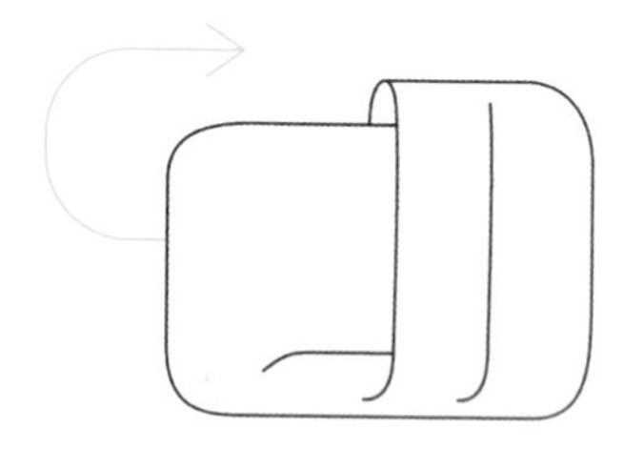

兩腳重疊後，對折再對折。把另一邊塞進褲頭的鬆緊帶部分，形成一個四角形。

長褲

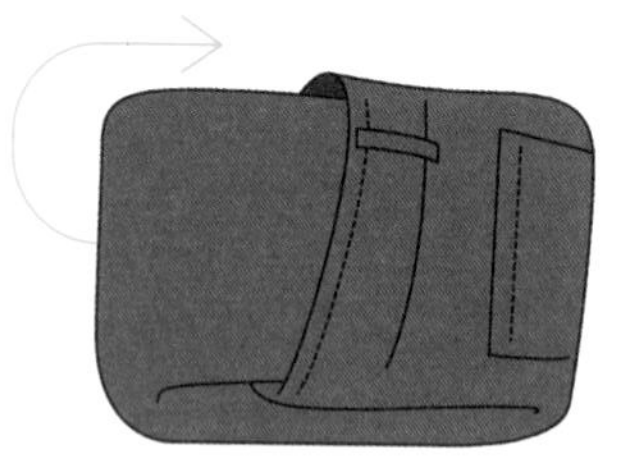

從中間對折，形成長度一致的兩等分。先折好褲頭的部分，再將另一邊塞進褲頭。

襪子

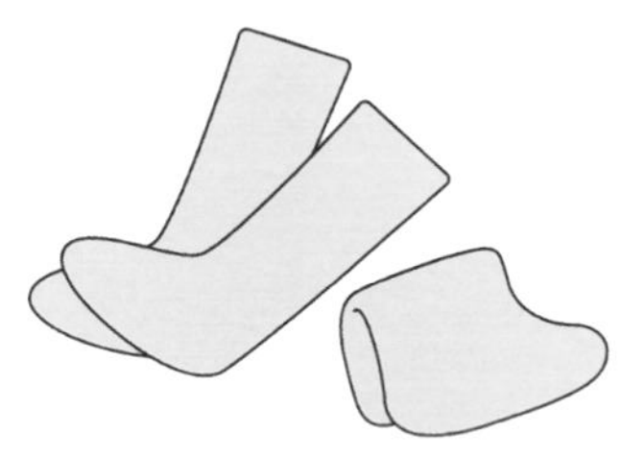

左、右腳配成一雙後重疊，將襪子對折再對折。最好的方法是直立收納，這樣會更方便找到襪子。

內衣

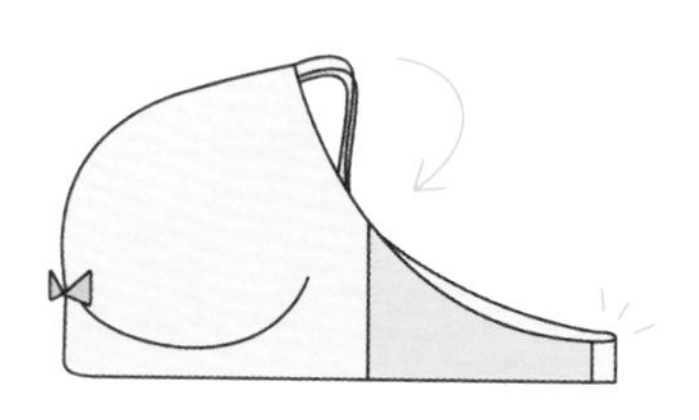

扣上內衣背扣，將肩帶塞入罩杯中。再從中間對折就算完成。

帽子

容易變形的帽子就掛在牆壁上，也能當成是收納方式之一。針織帽就放進籃子裡收整齊。

內褲

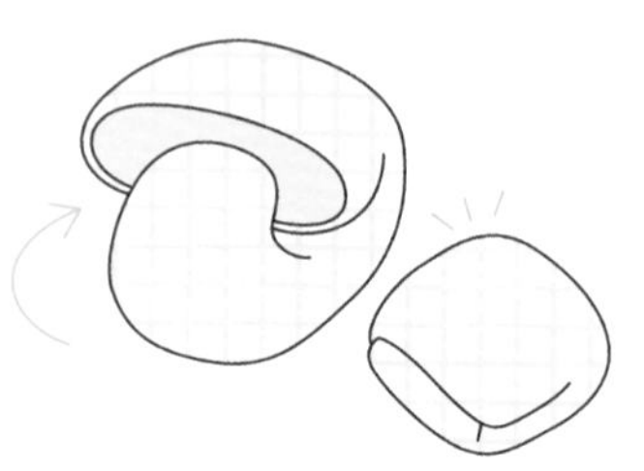

將左右兩邊往中間折。褲頭部分折成約⅓大小，再將屁股的部分往褲頭的部分塞。

季節小物的收納就要這樣做！

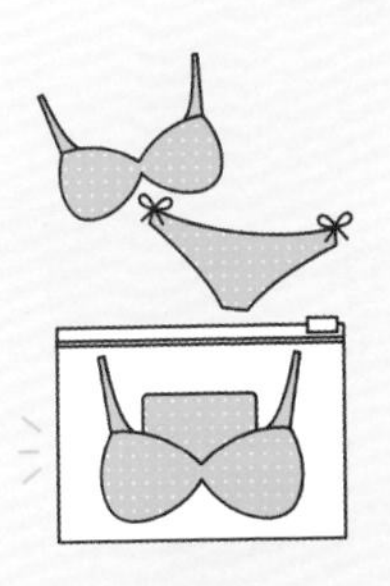

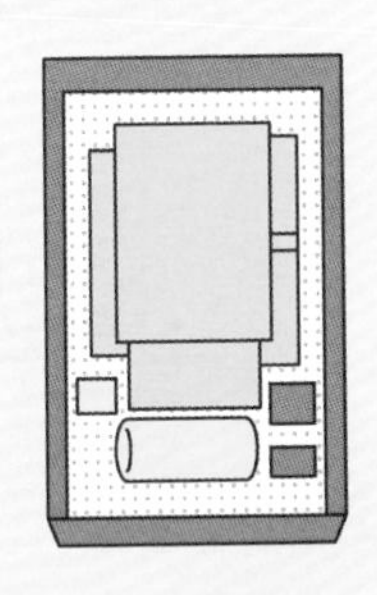

泳衣

把泳衣放進有夾鏈的袋子裡，這麼一來泳衣就能直立收納了。

圍巾＆手套

圍巾捲成一團後放在籃子裡，手套的最佳收納方式則是用曬衣夾固定並且掛起來。

浴衣組

徹底撫平浴衣上的皺褶後再折好，並且放入除濕劑與防蟲劑。

小東西＆飾品的收納

包包

放入籃子或雜誌夾，然後收在衣櫃的最上層。

項鍊

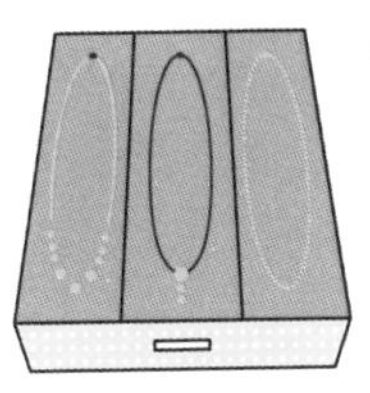

除了掛在牆上之外，還能收納在有分隔的抽屜裡。

手帕

先把手帕折整齊，再直立放入透明收納盒等等，就能顯得清爽而整齊。

戒指＆耳環

除了可掛在牆上之外，也推薦各位使用可在平價商店或其他店家買到的小格子收納盒。

可以定期去突擊平價商店的收納小物！

決定好一週服裝穿搭，早晨輕鬆無負擔

把早晨時間用來決定要穿什麼，實在有點可惜。
所以就先決定好一週的穿搭吧。

配合一週七天的預定行程，搭配好每一天的穿著

如果不想被別人說「你都穿重複的衣服」，最重要的就是改變每一天的穿搭組合。搭配服裝時也要考慮到當日行程，例如：要開會的星期一就穿襯衫，女生聚會的那一天就穿洋裝。

POINT

利用不同的小飾品，印象就能大不同

舉例來說，星期一加上一條絲巾，而星期四就為窄裙搭配上細皮帶等等，即使都是穿同一件襯衫，也會因為這些小東西而改變穿搭印象。

為了避免重複同樣的穿搭，最好的辦法就是拍下穿搭衣服的照片。

即使只有幾件少少的衣服，也能靠著搭配飾品來展現出各種不同的風格喔！

在添購衣服的時候，也要考慮到與現有衣物的搭配性。

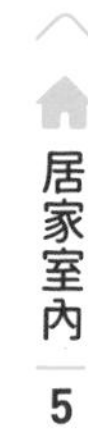

在這樣的廚房裡，每天都想下廚！

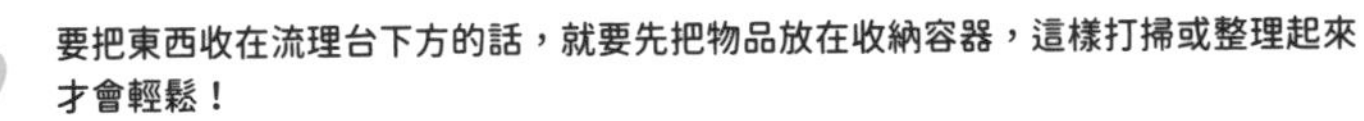

要把東西收在流理台下方的話，就要先把物品放在收納容器，這樣打掃或整理起來才會輕鬆！

就算展示給人看也很 OK！

如何打造出整齊又乾淨的冰箱

每天使用的冰箱無時無刻都亂七八糟的。
來把冰箱整理乾淨吧！這樣不管誰來看沒問題。

1 按照項目決定固定位置

將食材分門別類，例如：果醬、乳瑪琳就是「吐司用」。將冰箱裡的食材放入托盤或塑膠盒等收納容器中，然後再放到決定好的固定放置處，冰箱就能整整齊齊！

2 利用同顏色的籃子或保鮮盒

只要準備一整套同款的收納用籃子或保鮮盒，環境看起來就會整齊劃一。

3 蔬菜室、冷凍庫要做出間隔

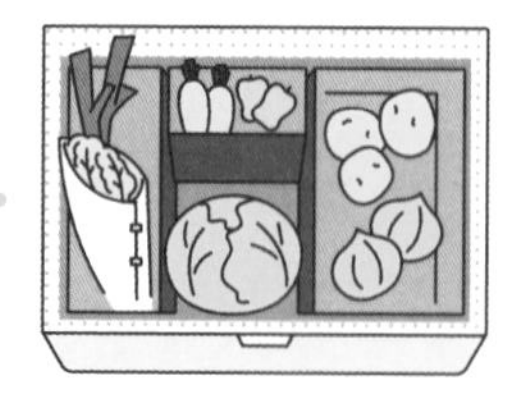

這兩個部分非常容易弄亂，所以要先做好分隔，才能知道哪些食材放在哪個地方。

POINT

每月確認一次賞味期限

不常用的果醬或調味料，很容易過期還繼續放在冰箱裡。所以每個月都要檢查一次，把這些瓶瓶罐罐都整理乾淨。

廚房收納創意集

選用漂亮的鍋碗瓢盆

漂亮的鍋碗瓢盆反而不必收起來，可以直接放著做成「展示型收納」，感覺起來更好看。

牆壁貼上磁鐵板

只要貼上磁鐵板，牆壁也能變成收納空間。然後再加上磁性掛勾，還能掛起湯杓、鍋鏟等小用具。

利用伸縮棒製作層架

只需架上兩支伸縮棒，就能變成一個好用的收納架。使用伸縮棒，有效地活用剩餘的空間吧！

糖果餅乾要限量

糖果餅乾常常在不知不覺間變得越來越多。所以要限定收納的空間，讓自己知道買糖果餅乾的分量不能超過這個收納量。

使用可看見內容物的透明容器存放調味料

把調味料放入同一款的透明容器，再貼上同一種的標籤貼紙，然後一瓶一瓶擺在架子上，讓廚房看起來變得更有質感。

把大瓶的調味料放進雜誌架

將1000ml 等等的大容量、大瓶身的調味料罐收納在雜誌架的話，不僅方便抽出來使用，也不必擔心這些瓶罐東倒西歪。

把超市購物塑膠袋或垃圾袋收進紙袋或網袋，看起來會更美觀。

客廳最重要的就是「寬敞不擁擠」！

過得寬敞又舒適的三個技巧

1 不擺放過多的傢俱

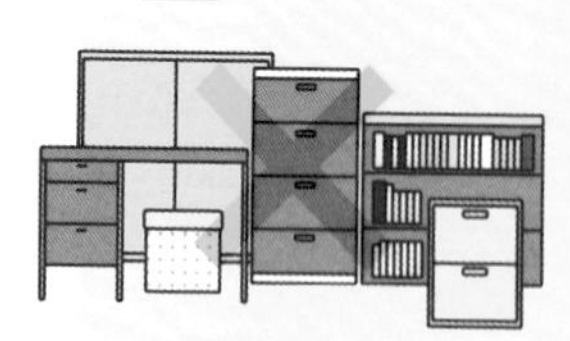

打造寬敞空間的技巧，就是嚴格篩選出客廳最必要擺放的傢俱，將傢俱縮至最少件。

2 選擇較低的傢俱

選用較高的傢俱會造成壓迫感，使得客廳的空間顯得狹窄不寬闊。

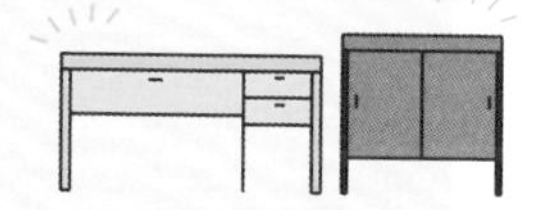

3 統一傢俱的材質與顏色

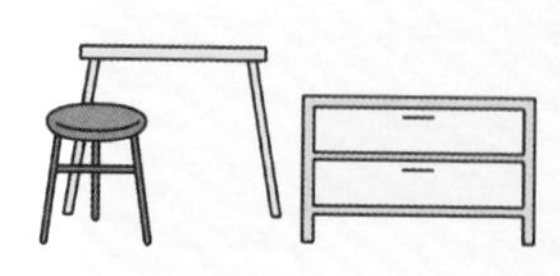

想要擁有一間乾淨明亮的房間，就選擇白色的傢俱；想要擁有自然氛圍，那就選擇茶色的傢俱……諸如此類，謹慎地維持傢俱顏色的一致性。

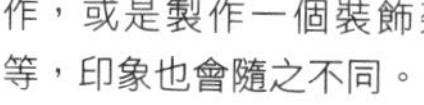

ADVICE

將最先映入眼簾的地方裝飾漂亮

在最先映入眼簾的壁面掛上畫作，或是製作一個裝飾架等等，印象也會隨之不同。

GOOD ITEM!

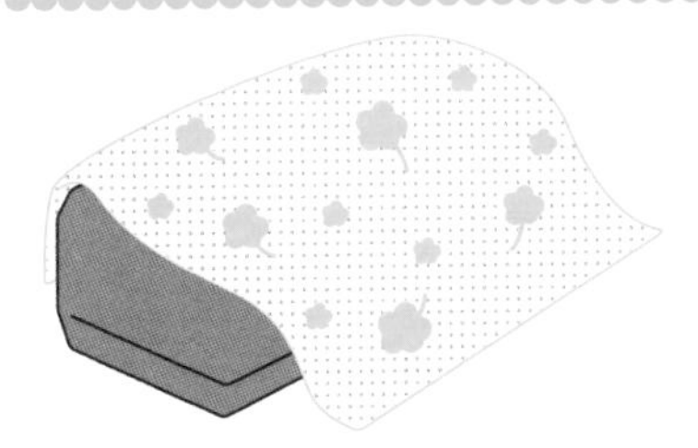

與房間氛圍相搭的圖案布料

可以在雜亂的物品上蓋一塊布，或者是將沙發蓋上一條布來改變圖案。布料可應用在各方面，使用起來相當方便。

把遙控器、雜誌等容易顯得雜亂的物品通通收好吧！

把寢室打造成絕對愜意與舒適的空間

POINT 1

統一寢具與窗簾的顏色，看起來更美觀

將大面積的窗簾布與寢具的顏色搭配好，能讓房間的感覺更一致，顯得更加有質感。

POINT 2

利用間接照明產生柔和的光線

強光會造成壓力，因此建議使用可放鬆心情的黃光系燈光。

POINT 3

點上喜歡的香氛精油

燃燒香氛精油，藉由舒服的香氣便可放鬆，讓心情與身體都煥然一新。

POINT

選擇樸素不花俏的顏色

進行顏色搭配時，若是選用可使副交感神經處優先發揮作用的顏色（藍色系、淺駝色或綠色等等的大地色系），即可達到舒眠的效果。相反地，紅色系的鮮豔色彩則會使交感神經優先發揮作用，因此挑選時得多加注意！

POINT 4

簡單的壁飾

牆壁對於房間的印象有著極大的影響，簡單・樸素風格尤佳。

POINT 5

床邊要有擺放小物的空間

方便用來擺放智慧型手機、眼鏡等床邊常備小物。

POINT 6

寢具要乾淨！

床單會因為睡覺時流的汗水而造成意想不到的髒汙。因為這些髒汙都看不見，所以得要定期清洗，不必猶豫該不該洗。

POINT 7

床底下放著附輪子的收納箱

床底收納箱可有效利用床底下的閒置空間。使用附有輪子的收納箱，清掃起來也會輕鬆許多。

寢室的基本色調採用彩度、明度較低的顏色，可營造出沉穩平靜的氛圍。

東西不直接放在洗臉台上或浴室地上

放進托盤或籃子

如果一直把東西放在水槽周圍，很容易造成水垢，所以這些物品要收在籃子裡。把常用的物品整理在一起，就能方便地馬上拿取。

吊掛式收納

如果東西要放著不收起來，那麼建議你可以收在掛籃裡。通通收在同一個掛籃裡的話，方便移動整個籃子的物品，打掃起來較輕鬆。

這樣也能避免出現滑滑的髒汙或發霉！

吊掛式收納可防止水垢

把洗面乳等用品掛起來而不直接放在地上，能避免黴菌滋生，或是因水垢造成的滑溜髒汙。

打造清爽乾淨洗手台的
5個祕訣

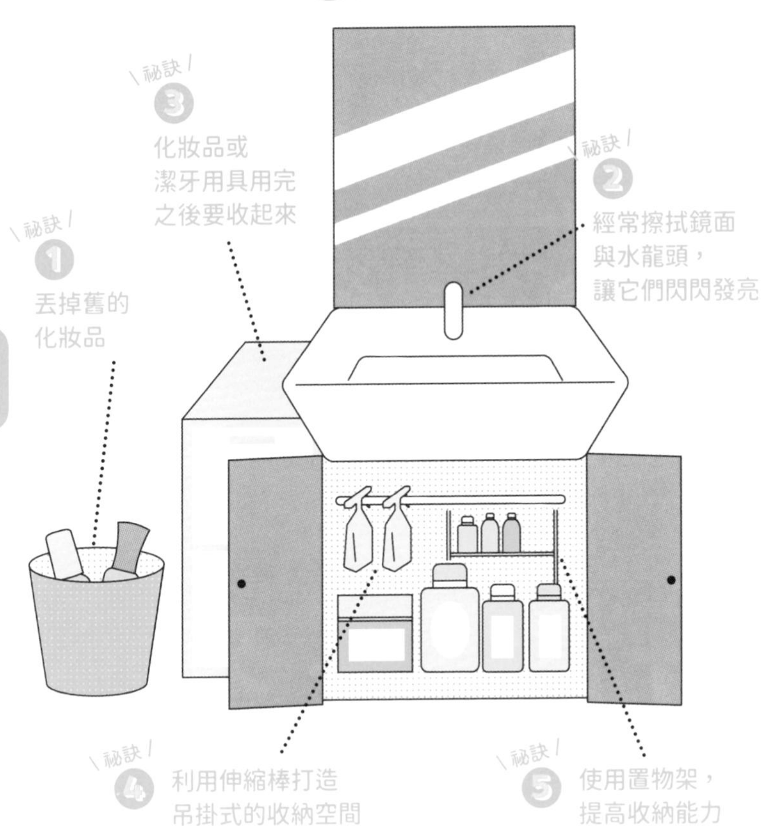

維持方便清掃的狀態

洗手台雜亂無章的話，要移動物品時就會很不方便，讓人不想清掃。記得隨時都要保持洗手台乾淨整齊的狀態。

POINT
水槽旁邊擺上綠色植物，即可提升清爽感

建議把容易散亂的物品收納在鏡子後或是壁面式隱藏收納櫃。

化妝品要在一年內用完

化妝水
不添加防腐劑的化妝水、有機化妝水都比較容易腐壞。

假睫毛
用浸泡過酒精的棉花棒擦拭黏接處，達到除菌效果。

口紅、唇膏
如果是直接塗抹在嘴唇上的話，每次使用前都先擦拭一次才會乾淨。

眼影
使用時若以手指沾拭，會很容易滋生細菌，因此務必要注意保存期限。

粉撲
一週清洗一次，並完全晾乾。定期汰換失去彈性的粉撲。

刷具
每次使用前都要用面紙擦拭。半年清洗一次即可。

護手霜
成分分離、變色、變味的護手霜就不要再用了！

腮紅
膏狀腮紅比粉狀腮紅容易變質，因此要多加注意。

ADVICE

開封超過一年的化妝品就要丟掉
化妝品的使用期限在未開封時為三年，開封後大約是三個月～一年。開封超過一年還沒用完的話，也一樣要丟掉喔。

沒有化妝台也 OK！打造清爽的美妝空間

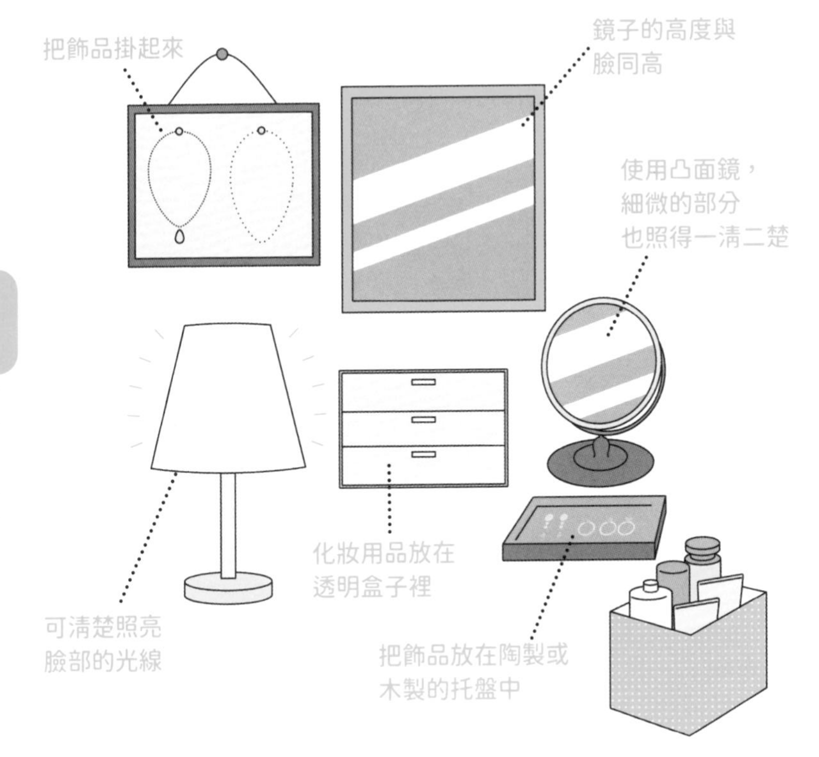

把美妝空間整理漂亮

就算沒有專用化妝台也一樣可以化妝，最重要的是準備一個乾淨整齊的化妝空間。要是化妝鏡與美妝用品髒髒黏黏的，是無法畫出美麗的妝容的！

用不完的化妝水倒進浴缸中，就能當成泡澡劑使用。

展現
別緻整潔的廁所空間

因爲每天都要使用，所以更要隨時都保持乾淨，
打造出每次使用時都會讓人有好心情的空間。

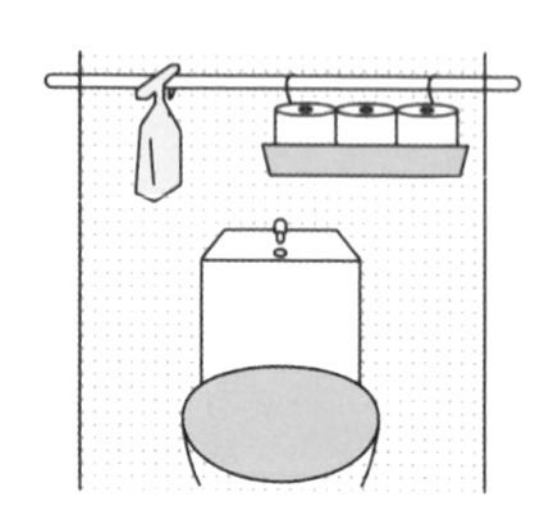

活用伸縮桿與掛籃

使用伸縮棒掛起各種物品，地板就會顯得開闊，讓人覺得廁所不擁擠。挑選掛鉤或吊網等小工具時多用點心思，也能營造出舒適別緻的氛圍。

打掃用具也要挑選好看的樣式

馬桶刷是必備的打掃工具，通常都會被擺在視線可及的地方。挑選設計好看的馬桶刷，就能代替室內的裝飾物，打掃起來也開心。

ADVICE

果斷捨棄廁所踏墊與馬桶坐墊！

廁所踏墊或馬桶坐墊的髒汙總是特別醒目，而且清洗時也很花時間與力氣。不使用踏墊的話，出現髒汙時只需用紙巾擦拭即可，打掃起來也輕鬆。

打造別緻漂亮玄關的3個祕訣

☑ 使用圖畫或雜貨裝飾成自我風格

配合自己喜愛的圖畫或雜貨，規劃整體的設計布置。玄關是進門後最先看到的地方，此處採用簡潔的設計應該會很不錯。

☑ 擺放乾燥花或仿眞植物

比起絢爛多彩的花朵，素淨的仿真植物或乾燥花更能使空間有一致性，營造出雅致的氛圍。

☑ 放置鏡子

玄關處很容易給人擁擠的印象，建議可以擺放具有視覺延伸效果的鏡子。出門前還可以用來整理服裝儀容，有極佳的實用性能。

鞋子的收納好點子

使用伸縮棒，收納力加倍！

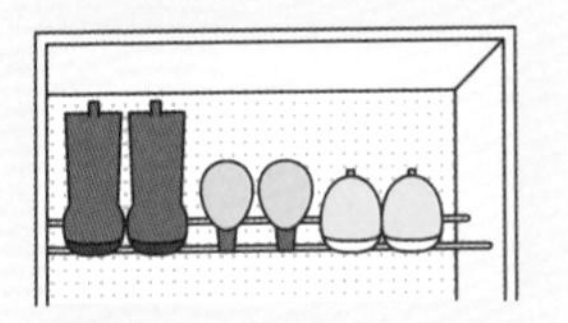

如果鞋櫃中尚有多餘的垂直空間，只要架上伸縮棒，就能放上更多雙鞋。

平底鞋直立放入籃子裡收納

使用在平價商店就買得到的籃子來收納無跟鞋的話，只要把鞋子垂直放進籃子裡，就能節省擺放的空間。

雨傘容易造成玄關擁擠，一人放一把傘最剛好，多餘的傘就處理掉。

把書櫃當成室內裝飾使用

書本、雜誌在不知不覺間越來越多本，很容易就會造成房間凌亂。整理好書本與雜誌是一定要做的事，不過也可以採用展示性收納，以室內裝飾的方式來活用書櫃。

書本不堆積成山的三要件

1 決定收納空間

事先決定好書本的收納空間，每當超出收納量就要整理，維持書本的數量。

2 閱讀雜誌就活用智慧型手機的定額服務

使用可訂閱多本雜誌的定額制應用程式，則能透過智慧型手機輕鬆閱讀，就不會累積過多的雜誌。

3 選擇附展示架的書櫃

不僅能收納，還能將封面當成是室內的裝飾之一，把房間裝飾得更漂亮。

書櫃的整理方法

首先，把書櫃上的書通通拿出來！

想長期保留的書本

僅挑選出欲以實體形式長期保留的書本，例如：喜愛的書籍。

想短期保留的書本

暫時保留尚未閱讀的書籍、也許會再次閱讀的書籍。

沒在看的書本

雖然是尚未閱讀的書籍，不過似乎以後也不會翻來看的話，那就果決地處理掉吧。

不要的書本

除了回收書本之外，也可利用舊書店的收購服務或是二手雜貨店，處理掉這些不要的書。

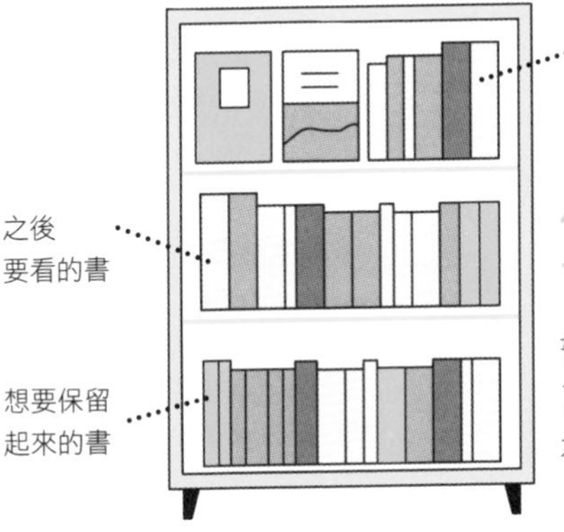

依書本的分類來擺放，下次整理就會很輕鬆

書本就按照以上的分類來收納。買了一本新書之後，就從待處理的書本中挑一本出來處理掉吧。

帶著「想看的話再買就好」的心情來處裡書本。

每年一次將照片製成相簿

照片整理術

祕訣1 使用照片應用程式來整理

使用手機雖能輕鬆拍攝照片，但是等到發現時，相片早已多到占滿手機容量。只要使用能自動將拍攝下來的照片儲存到外部伺服器的應用程式，就不會壓縮手機的容量。

活用雲端硬碟保存資料

將照片儲存在GOOGLE Drive等雲端硬碟，就算手機裡的資料消失不見，照片一樣會被保留下來。

祕訣2 一年一次將照片做成相簿或相片書

即使常常在整理，照片還是會越來越多。那麼就一年利用一次照片沖洗服務，把照片整理成相簿吧。

ADVICE

再怎麼整裡都還是收不完，那都是因為相片太多張了！不用拍太多張的照片，照片應該是用來保留珍藏畫面的才對。

\秘訣/ 3 每年一次將電腦裡的資料燒成 DVD-ROM

如果照片只是儲存在電腦裡的話，這些重要的數據也很有可能會不小心消失。每年都把重要的照片資料備份一次至 DVD 裡，同時也是整理照片的機會，如此一來便可安心。

\秘訣/ 4 古老的紙本照片也要數位化！

「一大堆從前沖洗出來的照片都沉睡在抽屜裡」、「放不進相簿裡，但也捨不得丟掉！」這一些照片也一樣通通數位化吧。除了可以委託專門的業者處理，也有方便的手機 APP 可以存取這些照片。

CD、DVD 的整理

放入資料夾式的 CD 收納袋，減少收納體積！

若是把 DVD 與 CD 都放進各別的盒子來保管的話，就會顯得占空間，因此建議把光碟都整理到資料夾式的光碟收納袋裡，減少使用空間。而且只要做好標籤，註記清楚存放在光碟裡的照片資料，下次想要看照片的時候，就能馬上找出要找的資料。

打算整理完再把相片放進相簿時，常常都會先把相片暫時擱著。所以只要把照片大致排列整齊即可。

讓家中不堆積紙類的

紙張累積得太多，整理起來就不輕鬆。
因此要養成固定整理的習慣。

1 玄關處放個垃圾桶，直接丟掉廣告傳單

把廣告傳單帶回家裡，很容易會先放著，想說待會再來看。建議在玄關處放個垃圾桶，不要的傳單就直接扔掉。

2 拒絕不必要的 DM

一些 DM 明明沒在看卻因為偷懶而持續訂閱，這時就應該把這些 DM 整理出來並取消訂閱。

3 信件要立即分類

打算有空時再來整理的話，信件就會塞爆郵箱，反而更麻煩。信件與廣告傳單一樣，都要在玄關處就確認是否保留。

文件要貼上標籤貼紙

即使把文件都整理到資料夾中，要是不知道資料夾裡放了哪些資料，還是得花點時間才能找到。所以標籤貼紙在這種時候就很重要！

要保留的文件就放進壁掛式收納袋！

無法馬上判斷是否保留的文件，就先移動到目光容易停留的壁掛式收納袋裡。這樣也能防止遺失或遺忘。

重要的文件要放入透明資料夾

合約、履歷等重要文件務必要放進資料夾保管，免得弄髒或造成摺痕。

家電說明書直立放入雜誌架保管

把容易占空間的使用說明書都放到雜誌架裡，再按照「家電」、「PC 相關」等分類的話，就能方便地取出。

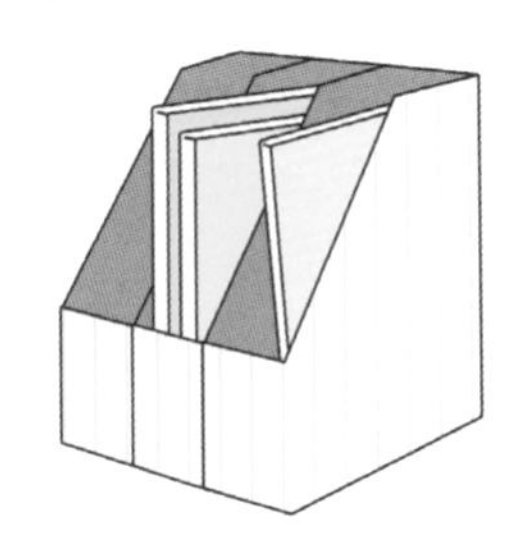

明明家電已經扔了，卻還是保留著使用說明書……千萬別做這種事！

擺脫「割捨不了」的習性！

讓家裡乾淨整齊的最速捷徑，是減少家裡的物品。
最要緊的就是果斷地捨棄。

處理掉東西的好處

① 心情變得更正向

如果房間的東西多到爆炸，而且還雜亂無章，也會讓心情容易變得焦躁。若是房間乾淨又整齊，心情自然會清爽又開朗。

② 開始有效率地運用時間

因為知道東西都放在哪裡，所以不需要東翻西找，而且打掃起來變得更輕鬆，時間也就跟著變充裕。

③ 減少不必要的浪費

不再發生「不小心又買了同樣的東西」這種浪費行為，養成購買真正要用的物品的習慣。

④ 能夠珍惜所愛的物品

丟掉沒用的零碎物品，留下來的都是自己喜歡的東西，所以會更珍惜這些留下來的寶貝。

⑤ 生活空間變寬敞

東西越少，可用的空間就會越大。寬敞的房間不僅能讓人放輕鬆，也能專心地做自己有興趣的事。

ADVICE

這樣的空間值多少錢？

生活空間也是你付了寶貴的金錢之後才得到的。假如不必要的東西浪費了半坪的空間，那麼換算成房租或房貸之後等於浪費了多少錢呢？試著換算看看！

試著把東西扔了

那麼，就來實際挑戰處理物品。
想必可以發現許多已經不需要的東西。

1 決定要收拾的地方

一次整理多個地方實在強人所難。不要這邊收一收，那邊掃一掃，而是應該要想著「今天就整理這個櫃子」，決定好目標並全力以赴！

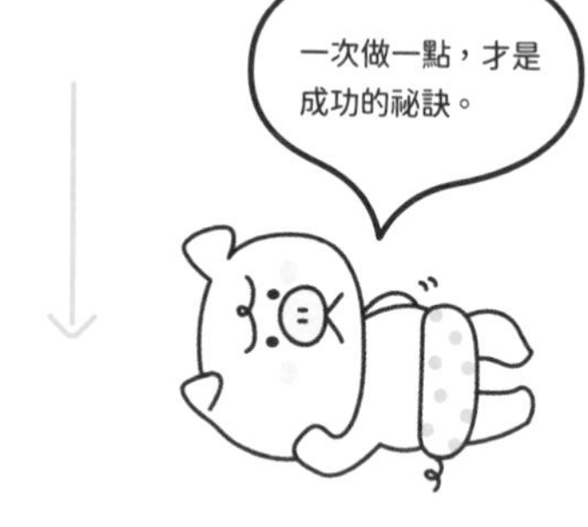

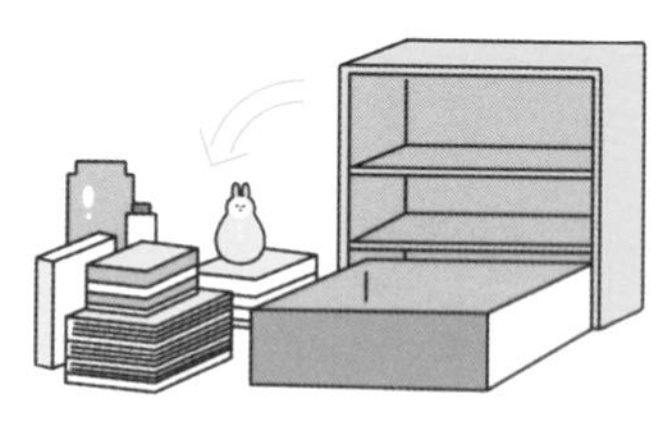

2 把所有的東西拿出來排好

試著一次把所有的東西都拿出來排好。最重要的就是先掌握住整體的情況，確認放了那些物品。

POINT

不從「可以穿」、「可以用」的觀點來整理，而是從「會穿嗎」、「會用嗎」的觀點出發，這才是成功的祕訣。

保留起來的
猶豫不決的
要丟掉的

3 分成三種類

區分成「要收起來的東西」、「要處理掉的東西」以及「遲遲無法決定該丟還是該留的東西」這三個種類型。

4 一個月後再處理「猶豫不決」的東西

不用急著決定是否丟掉讓你猶豫不決的東西。把這些東西都整理在一起，決定好一個再次確認的日期，例如：一個月後再判斷一次。

5 半年～一年後再重新確認一次

先前判斷為必要的物品，過了一段時間之後也許就不再需要了。所以至少一年就要再重新確認一次！

ADVICE

汰換「偶爾才會用到的東西」，再買新的來用！

如果不留戀一些偶爾才會用到的小物，或許可以換成自己喜歡的新品。把身邊的東西統一成自己喜愛的風格，就能離理想中的房子更進一步。

這一些捨不得丟掉的東西
該怎麼辦？

雖然已經不需要了，但是心裡還是抗拒著把它們扔掉——
這些捨不得丟的物品可以這樣處理。

布偶、洋娃娃

→ 可以捐給基金會或
物資捐助平台

總覺得難以丟捨的布偶或洋娃娃，可以捐給需要的單位，請把洋娃娃清潔乾淨，再送給需要的人。

 小時候的圖畫或獎狀

→ 按照種類，
分別保留一部分

除了真的想要保留的圖畫或獎狀，其餘的拍照之後都可以處理掉。拍成照片之後不佔空間，還能保留下回憶。

御守、護身符

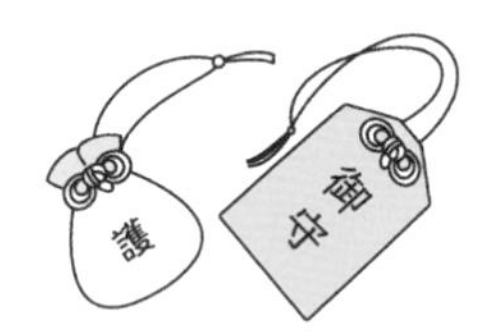

→ 御守、護身符等等
燒化或帶回廟裡

可向神明道謝後，將護身符和金紙一起化掉。若廟中沒有金爐，可直接詢問廟方人員有沒有集中處理的日期或方式。

別人送的禮物

→ 如果不要，那就果決地丟掉

明明用不到卻因為過意不去而保留著，這樣只會造成心理的負擔。把對方的好意記在心裡，然後果決地丟掉吧。

收藏已久的物品

→ 也許能以意想不到的好價格賣出？

有些小東西也許會很值錢，這些物品不一定要丟掉，或許可以試著拿到二手店或是在網路上賣給需要的人。

漂亮的全新品

→ 拿出來用也是個好辦法

如果因為是全新品而捨不得丟掉，不如直接拿出來用。就算是昂貴的東西也一樣。如果用了之後還是覺得不適合，再把它送給別人。

御守或護身符的最佳歸還時機是在新年參拜。

不要的東西通通賣掉！

整理出要丟掉的東西後不一定馬上就要丟掉，
可以試著把它們出售。說不定會意外地以好價錢售出！？

方法1 二手店鋪

想賣東西時只要拿到店裡即可，步驟簡單又方便。有些店家還可到府收購或以宅配收購。

◎ 優點

・拿到店裡即可
・可整理起來一起處理

× 缺點

・不能自己決定售價

方法2 跳蚤市場

需要自己遞交申請書，並自行將物品運送至會場販售，雖然手續比較麻煩，但能當作是在參加活動，樂在其中。

◎ 優點

・能與買家直接對話
・可當成參加活動，樂在其中

× 缺點

・要付場地費
・準備較辛苦

方法 3 網路拍賣

上傳照片及商品資訊，決定拍賣底價及拍賣期間。最後由出價最高者得標，說不定會以高價售出呢！

◎ 優點

- 稀有品或收藏品或許能以高價售出

× 缺點

- 需付使用費、手續費
- 需要自己包裝、寄送

方法 4 網路賣場

不同於拍賣，可自行決定售價。有可能要與欲購買者討論價格或寄送方式。

◎ 優點

- 可自行設定售價
- 初學者也能簡單地販售

× 缺點

- 需付使用費、手續費
- 需要自己包裝、寄送

也可以試試看店家的舊換新服務

越來越多的店家都開始提供衣物、鞋類的汰舊換新服務。有些店家是在購物時即可打折，有些則是贈送折價券。

第六章

整理時間與身心

時間

人際關係

壓力

營養品

美麗與健康

其他

每個人的一天都很公平地只有二十四小時。但是，明明是一樣的工作量，有些人總能保有私人時間，保持從容冷靜的心情。也許這就是因爲時間的「運用方式」有差異。只要知道對自己而言什麼才重要，確實地排好優先順位，便能從人際關係的壓力中獲得解放。自己的心與身體，就靠自己來整理吧。

時間 6 分配好時間，每天都快樂！

過著紊亂無序的生活

↓

許多事情都不能做

陷入惡性循環，造成身體不適！

半夜遲遲不睡，早上爬不起床，然後因為睡眠不足而無法集中精神工作，最後因為工作做不完而沒有私人時間——你也一樣陷入了惡性循環嗎？ 持續著紊亂無章的生活，就會有越來越多不得不做的事情，導致越來越多的壓力。

整理好時間的順序

能做的事情就變多了

時間變寬裕，心情也輕鬆！

能夠妥善運用時間的人，就能夠做許多事情。晚上擁有充足的睡眠，早上起床有精神，也能悠閒地泡杯茶，悠悠哉哉地品茗。心情從容不迫，工作時才能夠集中注意力，即早完成待辦事項。

如果不想經常盯著智慧型手機，可訂下使用時間，例如：一次只能使用三十分鐘。

規劃早、中、晚
的放鬆計劃

分別規劃好早、中、晚的放鬆計劃，才能過上有意義的一天。

中午 騰出一點空檔時間，讓工作時間有快慢節奏

- □ 不用一直查看電子信箱
- □ 麻煩的工作不往後延
- □ 決定好下班時間
- □ 工作的空檔來杯咖啡，喘口氣

晚上 此時是爲了明天做好準備

- □ 確定一下心裡在意的事
- □ 把明天要做的事情整理成待辦清單
- □ 決定使用手機、看電視的時間
- □ 睡不著一樣要躺在床上

今晚怎麼過，也決定了明天一早的生活是如何。

時間 6

想想看「5分鐘」就能做好的事

先把想做的事情列成清單！

五分鐘能做的事情有這些！

- 喘息時間（放空的時間）
- 打掃、整理
- 幫植物澆水
- 做伸展操
- 翻閱手帳本
- 回覆電子郵件

打造放鬆時間的 3 個祕訣

1 先把私人行程定下來

私人時間是讓心靈休息的時間，及早確定並且排入預定行程表中才是最重要的事。明確地把私人行程確定下來之後，公事與私事之間才能收放自如，也讓自己更有動力工作。

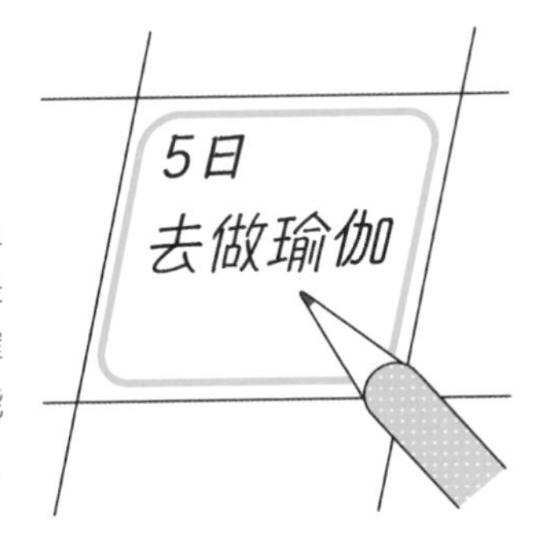

2 每天安排一項讓自己開心雀躍的事情

看自己喜歡的藝人參加的節目、磨自己喜愛的咖啡豆、開心地做美甲等等，不論做什麼樣的事情都好，不管時間多短都無妨，確保每天都有一段讓自己開心雀躍的時光。

3 擁有進修的時間

為考取證照而上課學習、為了未來出國旅遊而學習語言……這些為了夢想或目標所花費的時間，都會讓自己更進步。無論是多麼渺小的事情都好，首先，就來訂個目標吧！

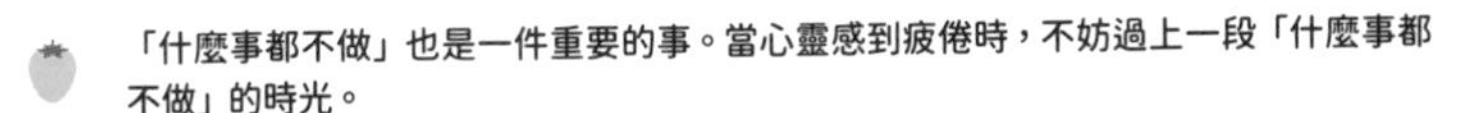
「什麼事都不做」也是一件重要的事。當心靈感到疲倦時，不妨過上一段「什麼事都不做」的時光。

時間 6

戒掉浪費時間，就能悠悠哉哉！

1 猶豫不決的時間

人生中有許多時候都被逼著抉擇，這時就要相信自己的第六感，告訴自己要迅速做出決斷。

這樣子
減少一小時

2 半夜遲遲不入睡的時間

熬夜晚睡可謂是百害而無一利。確保每天都有充足的睡眠，以好心情迎接早晨的到來。

這樣子
減少兩小時

3 滑手機、看電視的時間

常常一個不注意就拼命地滑手機、看電視，所以最重要的就是決定好使用手機與看電視的時間，時間到了就要毅然地中止。

這樣子
減少三小時

POINT

想要擁有更多時間就這麼做！

做家事也能利用家電

洗碗就交給洗碗機，掃地就交給掃地機器人，聰明地利用家電，就能縮短做家事的時間。

參加聚餐的時間

對於一個社會人士而言，參加聚餐或酒局是絕對少不了。不過，也不用每一次都出席，也可以試著偶爾缺席一、兩次，自由自在地運用那段時光。

有空時也能做這些事情！

- 寫感謝信
- 縫補衣服脫線的部分或鈕釦
- 清理保養鞋子
- 悠閒地泡個茶，喘口氣
- 想一下要送給親密的朋友或家人的禮物
- 整理或沖洗照片
- 開始閱讀喜歡的書
- 打掃平常不會在意的部分

旅行的計畫越早確定下來，就會越划算。從容不迫地好好思考一下吧。

人際關係 6

整理令人焦躁不安的人際關係

勉強地與造成心理負擔的人來往

↓

越來越焦躁，累積成壓力

也許應該重新思考來往的模式

跟對方講話時總覺得聊不來，心裡特別煩躁，或是結束見面後覺得疲倦感瞬間爆發……。如果是這樣的話，那就有必要重新思考與對方的來往模式。勉強地與對方來往，只是徒增自己的壓力，一點好處也沒有，所以不必害怕與對方拉開距離。

與相處愉快且個性沉穩的人來往

↓

提升自己的社交動力

珍惜讓你打從心裡想見面的人

與對方聊天時總能感到平靜，心靈得以休息；見面之前心情雀躍，離別之後希望再次見面……。對你而言，這樣的人肯定相當重要。別忘了這份感謝的心情，好好地珍惜這一段關係。

人際關係 6

在職場要懂得給人好印象的一句話

這世界什麼樣的人都有，所以一言一行都要謹慎

不論是在打招呼還是附和對方的話，說法不同，給人的印象就會大不同。所以就要懂得留給人好印象的一句話。

流利順暢地商談、報告

× 「這時候怎麼辦？」
○ 「想向您討個辦法……」

× 「現在有空嗎？」
○ 「百忙之中叨擾您了……」

× 「這是我的看法……」
○ 「這是敝人的拙見……」

給人好印象的打招呼

× 「早安！」
○ 「早安，今天天氣好冷啊！」

× 「謝謝」
○ 「謝謝您，真是幫了大忙！」

× 「休假過得很不錯」
○ 「托您的福，這次休假過得很開心！」

讓人不討厭的拒絕方式

✕「那個做不到。」
○「非常抱歉，實在沒辦法。」

✕「我覺得有點……」
○「您說得很對，只不過……」

✕「我沒有要去。」
○「非常謝謝您，不過很抱歉，這次……」

✕「我一定辦不到。」
○「對我來說負擔有點重……」

有技巧地道歉

✕「對不起。」
○「實在非常抱歉。」

✕「對不起，我忘記了。」
○「實在非常抱歉，是我遺忘了。」

✕「這是我的不對。」
○「實在非常抱歉，這是我的疏失。」

✕「對不起，這個沒辦法。」
○「無法幫上您的忙，實在非常抱歉。」

「非常不好意思」、「實在非常抱歉」等緩和語氣的用語都非常重要！

只要改變意識，人際關係就會大不同

改變人際關係的4個技巧

1 難以相處的人就別再聯絡

對於彼此的關係感到負擔的話，只有自己決定不再與對方聯絡，和對方的關係才會在不知不覺間慢慢變淡。

2 把時間用在自己身上

要是覺得與對方待在一起很痛苦，那麼與他共度時光就是在浪費時間！時間要有意義地用在自己身上。

3 保持距離也是一大重點

只要覺得與對方的往來有些負擔，哪怕只有一點點也一樣，都應該要下定決心拉開與對方的距離。不必主動聯絡，就連要見面也是必要時再見就好。

4 不追求廣泛交友

所謂人際關係，並不是朋友交越多就越好。哪怕只有一個人也好，只要對自己而言有這麼一位真的重要的人，那就值得了。

ADVICE

如果覺得難受，那就想像一下未來

雖然現在苦惱於人際關係，但這樣的狀態不一定會持續到三、五年之後。想像著三、五年之後的光明未來，渡過目前的難關吧！

善於與人對話的人，都會不經意地使用能讓對方感到開心的話語！

[有技巧地換句話說]

伶牙俐齒	→	溝通能力好
找不到竅門	→	有自己的步調
不會看人臉色	→	樂天派
三分鐘熱度	→	充滿好奇心
神經質	→	規規矩矩
沒輕沒重	→	充滿活力
借給你的錢	→	替你代墊的錢
脾氣不好	→	有個性
不知民間疾苦	→	單純
古板固執	→	一絲不苟
猶豫不決	→	思慮周全
神精大條	→	肩上沒擔子
做事都沒規劃	→	隨遇而安
油嘴滑舌	→	友善親切
怕生	→	內斂
反覆無常	→	心思靈敏
慢條斯理	→	腳踏實地
反應遲鈍	→	老實敦厚
老土不起眼	→	穩重樸實
笨手笨腳	→	勤奮
浮誇	→	引人注目

與不喜歡的人拉開距離時，也要顧慮一下對方的心情。

擁有片刻讓自己感到「舒適美好」的 OFF 時間

工作或人際關係等因素而使壓力越來越大時，就來做些輕鬆無負擔，能重振精神的事吧！

1 挑戰做點心

做點心要精準測量材料，步驟也繁複，是一件費工夫的事，但是也能獲得成就感，非常適合用來紓解壓力！

2 在氣氛佳的咖啡店讀本書

在喜歡的咖啡店一邊喝著好喝的飲料，一邊享受著不受時間拘束的讀書時光。這樣自然而然就能夠忘卻壓力。

3 爲自己好好泡上一杯咖啡或茶

忙碌時，只能喝著即溶咖啡或用茶包泡出來的茶，不妨像是在招待客人一般，空下時間試著為自己好好地泡上一杯咖啡或茶吧。

出門兜風看美景

國內許多地方有著絕世美景。放著自己喜歡的音樂，開著車兜風去看看大自然的絕妙景色，也許就會覺得自己的煩惱不是那麼嚴重了。

透過印章巡禮，獲得能量與幹勁

近年來蒐集印章成為一陣風潮，第一步就是買一本喜歡的小冊子，珍惜地帶著這本冊子出發。不僅能夠獲得能量與幹勁，也是旅行的回憶記錄！

到美容院改變髮型

改變髮型就能使心情煥然一新，有著極佳的重振精神效果。也可以在不改變頭髮長度的前提下試著燙髮或染髮，讓頭髮變得不一樣！ 做個頭皮 SPA 也很不錯。

心理和生理 6

正因為覺得氣餒，所以更要整理好心情

1 躲進廁所一分鐘

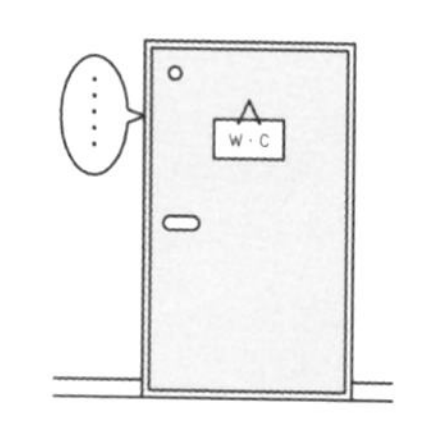

窩進個廁所裡，直到心情平靜下來為止。這微不足道的一分鐘閉關時間，有意想不到的轉換心情效果。

2 把心情寫在筆記本裡

讓心情煩悶不已的事情、難以對人說出口的事情等等，試著隨心所欲地把這些事情都寫在筆記本裡。轉換成文字之後，心情就會平靜下來。

3 購買美妝用品

新的美妝用品能讓低落的心情變開朗。試試看與以往不同顏色的口紅或是腮紅，應該會很不錯。

4 什麼都不想，睡覺就對了

再怎麼煩惱還是找不出解答時，什麼都不必想，睡覺就對了。隔天早上也許就會有不一樣的想法。

5 看看電影或漫畫，放聲大笑就對了

放聲大笑最能夠紓解壓力。只要看看歡樂的電影或漫畫，自然就會笑出來，重新打起精神。

讓人打起精神的電影

《小小兵》
（2015年上映）
超人氣主角「小小兵」在義大利造成大轟動！可愛的小小兵實在療癒人心～！

《羅馬浴場》
（第一部2012年、第二部2014年上映）
劇情的設定壯大宏偉，是一部講述羅馬人從古代羅馬穿越至現代日本的爆笑喜劇。

《沒問題先生》
（2008年上映）
主角自從任何事情都回答「沒問題！」之後，人生就此大不同，是一部相當爆笑的喜劇。

《穿著 Prada 的惡魔》
（2006年上映）
主角為時尚雜誌《伸展台》主編的助理，故事正是描述著她的奮鬥過程，是一部能讓職業女性打起精神的名作。

《搖滾教室》
（2003年上映）
落魄的搖滾歌手成為名校小學的代課老師?!一部充滿感動的爆笑喜劇。

讓你打起精神的漫畫

《四葉妹妹！》
（東清彥，台灣角川）
一部講述五歲小女孩「四葉妹妹」與爸爸、周遭的人一起進行日常冒險的溫馨漫畫。

《荒川爆笑團》
（中村光，Square Enix）
由各個充滿個性的登場人物所展開的節奏明快的對話，讓你笑到停不下來！

《磯部磯兵衛物語～浮世多辛苦～》
（仲間亮，東立）
漫畫主角為江戶時代虛構人物，看著耍廢度日的磯兵衛，也許就會讓你提振精神?!

《義呆利》
（日丸屋秀和，東立）
是一部將各個國家擬人化的漫畫。還能學到各個國家的冷知識，絕對會讓你想去旅行！

學習新才藝，認識新世界

成熟女子之間的人氣才藝

- ○ 芭蕾舞
- ○ 抱石攀岩
- ○ 烹飪
- ○ 茶道
- ○ 英語會話
- ○ 花藝
- ○ 空中瑜伽
- ○ 書法、硬筆字
- ○ 麵包烘焙
- ○ 芳療
- ○ 踢拳擊
- ○ 甜點製作
- ○ 皮拉提斯
- ○ 學習穿和服
- ○ 美甲藝術
- ○ 陶藝教室

上才藝課的好處

為生活帶來刺激與滋潤！

可以獲得新知識，還能活動身體使身體流汗，為每一天的生活帶來生命力。

遇見與自己興趣相仿的人

因為聚集了有著相同興趣的人，所以會更有話聊，很適合用來建立起嶄新的人際關係。

發現嶄新自我的機會

雖然是從未挑戰過的事情，說不定很快就能上手，激發自己的潛力。透過學習才藝，說不定就有可能發現未知的自己？！

有助於提升工作上的技能

有些才藝課對於工作技能的提升有著直接的幫助，例如：英語會話課。而有些才藝課雖然與工作沒有關連，但其實在一些意想不到的場合中也能派上用場。

別漏了工作坊的資訊！

所謂的工作坊，指的就是「體驗型講座」。工作坊的內容五花八門，有糖霜製作、土耳其燈製作、花窗玻璃製作等等，參加者可親手參與各式各樣物品的製作。

如果是活動次數固定的工作坊，例如：一次、三次等等，這樣的工作坊也許難度稍低，會比較容易開始。

讓健康的身體成爲好夥伴

女性有身體不適，就要注意女性激素！

女性激素分爲兩種

雌激素

被稱為卵泡激素，排卵期前會大量分泌此激素。此激素可促進乳房豐滿，保持肌膚的光滑及彈性。

孕酮

被稱為黃體素，排卵期後的黃體期會大量分泌此激素。可引起體溫升高，以備受孕，也會使子宮內膜增生。

一旦女性激素失調……

怕冷／焦躁不安／便祕／肌膚粗糙／眩暈／乾燥／月經不順／失眠／貧血／心情低落／頭痛／ etc

當這兩種女性激素維持著良好的平衡運作，才能擁有健康又美麗的身體。

重整女性激素的 3 個祕訣

保持身體溫暖

身體寒冷是造成血液循環不佳的最大要因。不只是冬天，就連夏天也一樣要泡澡以及喝溫熱飲，才能避免身體寒冷。

內搭衣、襪子、脖圍、溫熱型貼布、蒸氣眼罩……

注意黃豆製品的攝取

黃豆中所含有的大豆異黃酮與雌激素的構成分子相似，能在體內扮演與雌激素相同的作用，因此要攝取足夠的納豆、豆腐、油豆腐、味噌、豆腐等黃豆製品！

確實掌握生理期

生理期是身體狀況相當重要的指標。要確實掌握生理期，不要總是在想「上次是什麼時候來的？」。

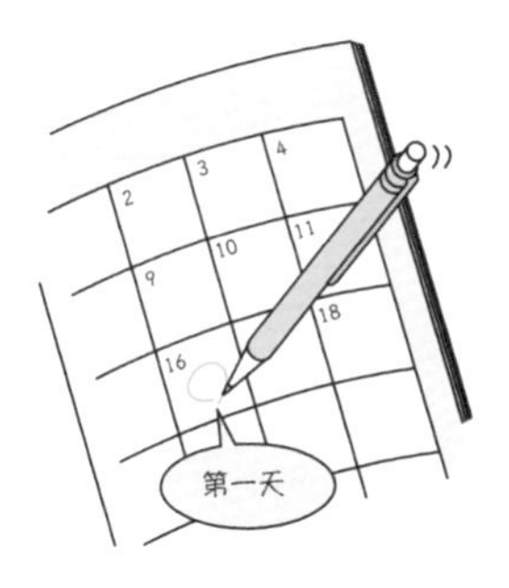

男性激素具有促進骨骼及肌肉發展的作用，因此少量的男性激素也不可少。

第6章 整理時間與身心

抽菸會抑制雌激素作用，盡可能別抽菸了！

心理和生理 6

生理期與身體的調節

二十八天的生理期

1	2	3	4	5	6	7
生理期的一星期						
8	9	10	11	12	13	14
生理期後的一星期						排卵期
15	16	17	18	19	20	21
排卵後的一星期						
22	23	24	25	26	27	28
生理期前的一星期						

雌激素與黃體素的分泌週期

生理期前一星期	排卵後的一星期	生理期後的一星期	生理期的一星期

排卵日　黃體素　雌激素

GOOD ITEM!

記錄基礎體溫！

養成記錄基礎體溫的習慣，就能掌握住生理期，也就能夠注意到身體狀況或肌膚的變化。

生理期

身體排毒

這時體溫會降低，血液循環容易變差，所以可以熬紅豆湯、多吃豬肝、牛肉的食物補充鐵質。

生理期後的一星期

肌膚的最佳狀態！

此時肌膚不容易出現問題，建議可以在這時候進行除毛等全身美容。

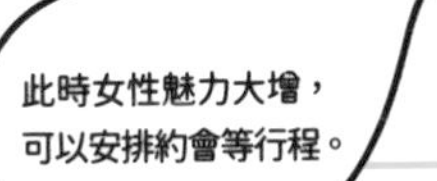

此時女性魅力大增，可以安排約會等行程。

排卵後的一星期

調整期

這時候腸道的蠕動會變得緩慢，皮脂的分泌也會變得旺盛。所以可能會受便祕或粉刺所擾。

生理期前的一星期

不順、問題期

血液循環變差，身體容易浮腫。這時候容易感到焦躁及不安，所以就別太勉強，要好好地慰勞自己。

維持美麗與健康！身體的保養

若要維持美麗的外表以及健康的身體，最重要的就是日常的保養。

整復或按摩

許多坐在辦公桌前工作的人，都特別容易有肩頸痠痛或腰痛的問題。透過整復以及按摩，定期矯正歪斜的身軀以及舒緩痠痛問題。

去美甲沙龍保養指甲

把指甲弄得漂漂亮亮，就會讓人擁有好心情。但過於華麗誇張的顏色與造型對於社會人士來說並不適合，要盡量避免。

上健身房或做岩盤浴，讓身體流汗

上健身房活動身體，做岩盤浴讓身體流汗，不僅有益身體健康，還有助於紓解壓力。

隨時都要注意姿勢以及深呼吸！

姿勢不正確的人，都是使用較淺的呼吸方式。要有意識地採取正確的姿勢，讓身體得以進行深呼吸，並藉此來重整自律神經

食用超級食物或攝取優質油品

例如：巴西莓、藜麥等超級食品，或是可預防生活習慣病的荏胡麻油、亞麻仁油等等。試著找出適合自己的健康食品。

使用美顏器與按摩油來按摩肌膚

安排一個深層養顏的日期，例如：每星期使用一次美顏器進行肌膚的保養、使用滋潤效果極佳的按摩油來按摩肌膚。

安排婦科健檢

過了二十歲以後，罹患子宮頸癌的機率就會增加，而乳癌則是在三十歲以後。所以除了公司安排的健康檢查之外，也要定期安排婦科健檢。

別錯過了國民健康署所提供的免費婦科健檢。

STAFF
插畫 渡邉美里（うさみみデザイン）
版型設計 塙 美奈（ME&MIRACO）
DTP アーティザンカンパニー
編集・製作 古里文香・矢作美和・茂木理佳・川上 萌・大坪美輝・原見里香（バブーン株式会社）

【参考文獻】
『図解まるわかりビジネス力をグンと上げる整理術の基本』（新星出版社）、『仕事がサクサクはかどる コクヨのシンプル整理術』（KADOKAWA）、『オトナ女子のお金の貯め方増やし方BOOK』（新星出版社）、『お金を整える』（サンマーク出版）、『図解 ゼロからわかる！最新お金の教科書』（学研プラス）、『ヒットを生み出す7つの習慣とメソッド 超メモ術』（玄光社）、『仕事のミスが激減する「手帳」「メモ」「ノート」術』（明日香出版社）、『意外と誰も教えてくれなかった 手帳の基本』（ディスカバー「トゥエンティワン）、『20代から読んでおきたいお金のトリセツ！』（日本経済新聞出版社）、『日経ウーマン』（2018年2月号、2017年5月号、7月号・日経BP社）、『持たない ていねいな暮らし』（すばる舎）、『明日、会社に行くのが楽しみになる お仕事のコツ事典』（文響社）、『そうじ以前の整理収納の常識』（講談社）、『女性ホルモン美バランスの秘訣』（大泉書店）、『オトナ女子の不調をなくす カラダにいいこと大全』（サンクチュアリ出版）

小資女的人生整理術

出　　版／楓書坊文化出版社
地　　址／新北市板橋區信義路163巷3號10樓
郵政劃撥／19907596 楓書坊文化出版社
網　　址／www.maplebook.com.tw
電　　話／02-2957-6096
傳　　真／02-2957-6435
作　　者／新星出版社編集部
翻　　譯／胡毓華
企劃編輯／陳依萱
校　　對／邱怡嘉
港澳經銷／泛華發行代理有限公司
定　　價／320元
初版日期／2019年12月

國家圖書館出版品預行編目資料

小資女的人生整理術 / 新星出版社編集部作；胡毓華譯. -- 初版. -- 新北市：楓書坊文化, 2019.12 面； 公分

ISBN 978-986-377-539-3（平裝）

1. 家政 2. 女性 3. 生活指導

420　　108016632